地震探秘

中国地震局　指导

中国灾害防御协会　组编

地震出版社

图书在版编目（CIP）数据

地震探秘 / 中国灾害防御协会组编 . -- 北京：
地震出版社，2022.2（2022.5重印）

ISBN 978-7-5028-5433-1

Ⅰ . ①地… Ⅱ . ①中… Ⅲ . ①地震—青少年读物
Ⅳ . ① P315-49

中国版本图书馆 CIP 数据核字（2022）第 025499 号

地震版 XM5228 / P（6253）

地震探秘

中国地震局　指导
中国灾害防御协会　组编
责任编辑：李肖寅
责任校对：鄂真妮

出版发行：地震出版社
北京市海淀区民族大学南路 9 号　　邮编：100081
发行部：68423031　　传真：68467991
总编办：68462709　68423029
http：//seismologicalpress.com
E-mail：dz_press@163.com
经销：全国各地新华书店
印刷：北京广达印刷有限公司

版（印）次：2022 年 2 月第一版　2022 年 5 月第二次印刷
开本：710 × 1000　1/16
字数：54 千字
印张：4
书号：ISBN 978-7-5028-5433-1
定价：20.00 元

前言

地震往往带给人们惨痛的记忆，在校青少年学生在突如其来的灾难中死亡、失踪或跳楼伤残的情景更给人们带来很深的心理创伤。如何保障生命安全已然成为一项重大课题，除了在硬件方面修建抗震性能良好的房屋之外，开展面向广大青少年学生的防灾教育，培养“生存能力”迫在眉睫。

灾难发生时，“第一响应者”能否在第一时间采取正确的行为，往往决定着他们在灾难中能否生存。最典型的例子如四川安县桑枣中学，紧邻2008年汶川8.0级大地震最为惨烈的北川，校长在震前组织加固改造教学楼，多次进行演练，震时2200多名学生、上百名老师1分36秒全部逃离教学楼，创造了没有一人在地震中受伤或者遇难的奇迹。这一奇迹，归功于深具防灾意识与避险技能的“史上最牛校长”——叶志平。

着眼于未来，防患于未然。为帮助即将担负起未来重任的青少年了解掌握必要的防震知识与避震技能，达到“具备保护自己生命的手段；了解灾害发生的原理；掌握应对灾害的方法；清楚自己所在地区的地理环境”四个目标，我们编写了地震探秘丛书。

《地震探秘》从地球知识、地震知识、避震常识、自救互救、防灾减灾、地震探索六个方面讲述了防灾减灾知识和技能，内容严谨，通俗易懂，简明扼要，图文并茂，生动活泼，注重实践性、实用性和趣味性，富有情趣，贴近中学生的生活和学习，适合中学生的兴趣和理解能力，可作为中学生进行地震安全教育的教材，也可作为中学生自学参考，或作为课外阅读材料使用。

学生安全，事关家庭幸福、社会和谐、国家稳定和民族未来。让我们携起手来，共同努力，帮助广大中学生全面提升防灾减灾意识，掌握必要的防震避震技能，平安、健康、幸福地成长。

目 录

地球知识篇

地震知识篇

避震常识篇

自救互救篇

防灾减灾篇

地震探索篇

地球知识篇

- 地球——太阳系中生命的摇篮
- 地球的物理状况非常优越
- 地质作用
- 地球的构造
- 地球深处的温度是随着深度而增高的
- 地质年代和地层
- 认识岩石
- 大陆漂移学说与板块构造

地球——太阳系中生命的摇篮

地球在自转，地壳岩石每时每刻都在发生不同程度的移动、挤压、错位、碰撞等现象，这就是形变现象。地球上，大小不同的地震非常频繁的发生着。我们想要认识地震，首先要了解我们生活的家园——地球。

自人类探索宇宙以来， 宇宙不断给人类带来惊喜。 同时，人类也渐渐地认识了所生存的这片家园—— 地球。 地球这颗有着广阔天空和蓝色海洋的行星， 始终给人以坚实巨大的感觉。

地球的特征是漆黑的太空、 蓝色的海洋、 棕绿色的大块陆地和白色的云层。 经过多年的探索，人类深深地明白了，在宇宙中，地球只是沧海一粟，人们也了解到，地球是一颗得天独厚行星， 除地球以外的太阳系星球上， 不可能有高级生命存在。

地球表面的大约 30% 是由大陆和岛屿组成的陆地。剩余的大约 70% 被海洋等水体覆盖。地球外层分为几个刚性构造板块，它们在数百万年的时间里在地表迁移，而其内部仍然保持活跃。

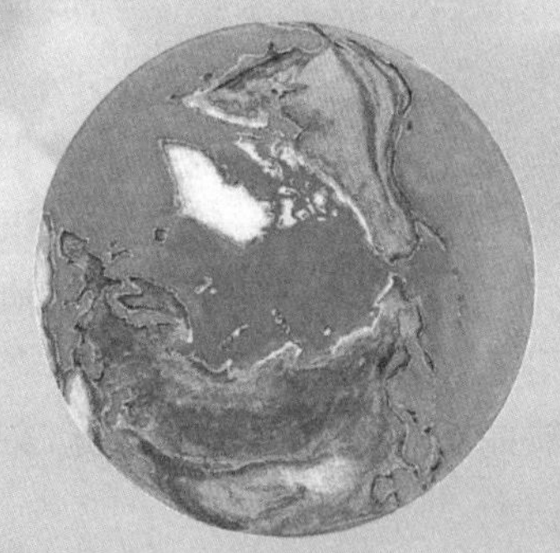

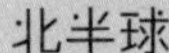

北半球

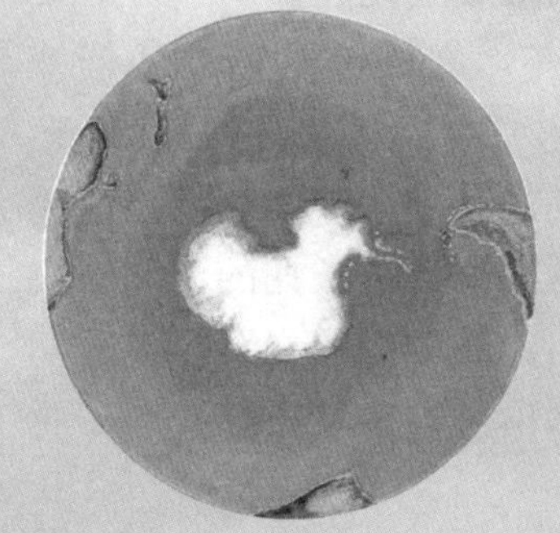

南半球

地球的物理状况非常优越

地球内部可分为地壳、地幔和地核三大部分。地壳平均厚约 17 千米，地幔厚约 2900 千米，地表距内地心约 6378 千米。地球是一颗活跃的行星，它一直处于运动和变化的状态中；地球也是太阳系中唯一具有板块构造的行星，正是板块构造把生命基础的营养物质和其他物质送进地球内部，然后再循环回到地表。

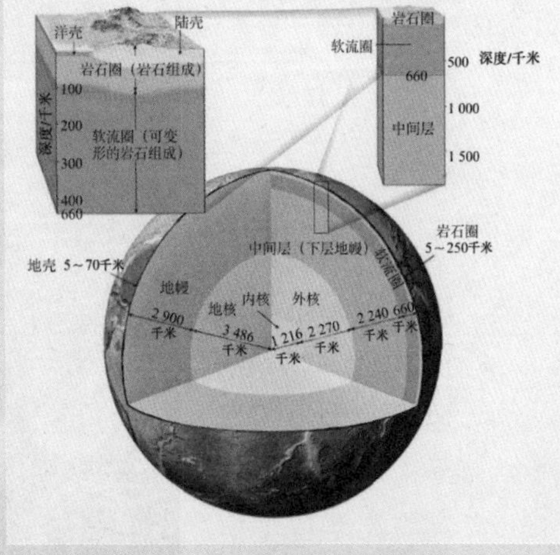

人类开始太空探索后，已对我们居住的星球有了更多的认识：地球上有太阳提供的光和热，有孕育万物的水，有保护生命生存的大气层，有提供生命营养物质的土壤。46 亿年的漫长演化，使她由一个寂寞的无机世界，成为一个生机勃勃的载体，而这生命的温床又均来自宇宙的神奇造化。宇宙赋予地球特有的幸运，而地球则不辱使命，创造了繁荣的生物世界，孕育出高级智慧生物——人类。地球是生命的摇篮，是人类唯一的家园。

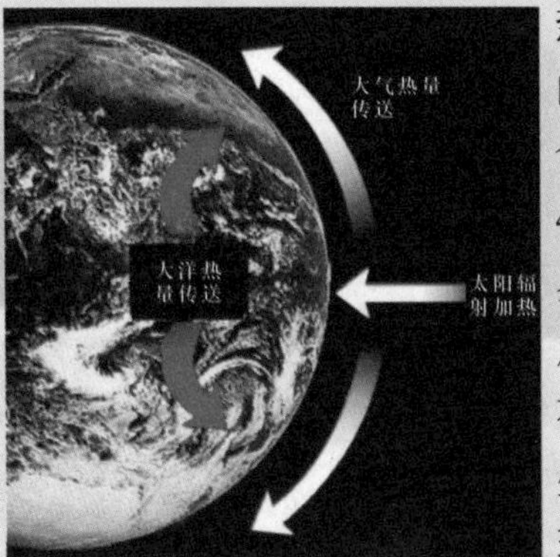

地质作用

地球从形成到现在大约经历了45亿~60亿年。在这漫长的地质演变进程中，它一直处在永恒的不断运动之中，其成分和构造时刻都在变化着。过去的大海经过长期的演变而成陆地、高山；陆地上的岩石经过长期日晒、风吹雨淋被逐渐破坏粉碎，脱离原岩而被流水携带到低洼处沉积下来，结果高山被夷为平地。海枯石烂、沧海桑田，地壳面貌不断地改变，才逐渐形成了今天的外形。由自然动力引起地壳或岩石圈，甚至地球的物质组成、内部结构和地表形态变化和发展的自然作用，统称为地质作用。

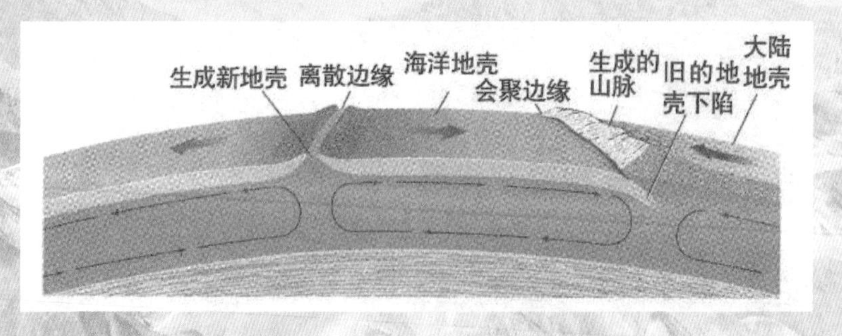

有些地质作用进行得很快，很激烈，如山崩、地震、火山喷发等，可以在瞬间发生，造成地质灾害；有些地质作用进行得十分缓慢，不易被人们所察觉。

地球的构造

地球的外貌我们可以看得见，有陆地、有海洋、有高山、有平原……然而，地球的内部是什么样子的呢？

利用地震波，科学家已基本摸清了地球内部的结构组成，并根据不同深度的理化性能等，把地球分为地壳、地幔和地核三个部分（其中，地核又分为内核和外核）。

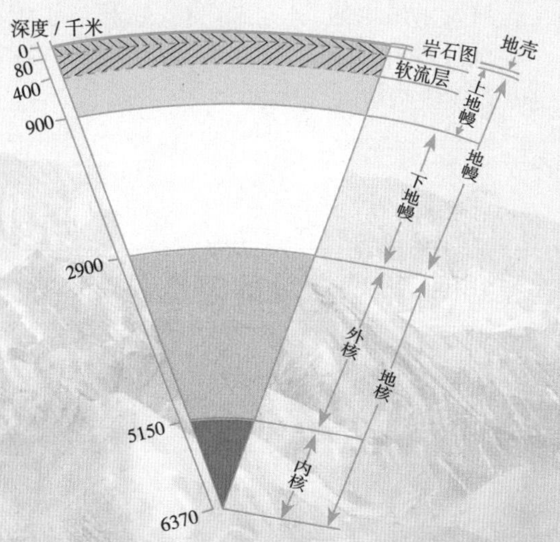

地壳，是地球最外面的一层。如果说把整个地球比喻为一个鸡蛋，那么地壳就相当于蛋壳。地壳是岩石圈的重要组成部分，可以用化学方法将它与地幔区别开来。其底界为莫霍洛维奇不连续面（简称“莫霍面”）。整个地壳平均厚度约 17 千米，其中大陆地壳厚度较大，平均为 33 千米。高山、高原地区地壳更厚，最高可达 70 千米；平原、盆地地壳相对较薄。大洋地壳则远比大陆地壳薄，厚度只有几千米。地壳是地球固体圈层的最外层，由岩浆岩、沉积岩和变质岩等各种各样的岩石组成。

地幔，是地壳和地核之间的中间层，即从地壳向下到约2900千米深的地方。它相当于鸡蛋的蛋白部分。地幔主要是由铁和镁的硅酸盐类组成，呈固态，但又有可塑性，好像沥青一样：在短时间内，有一定的形状，但如果放久了，就会变形。

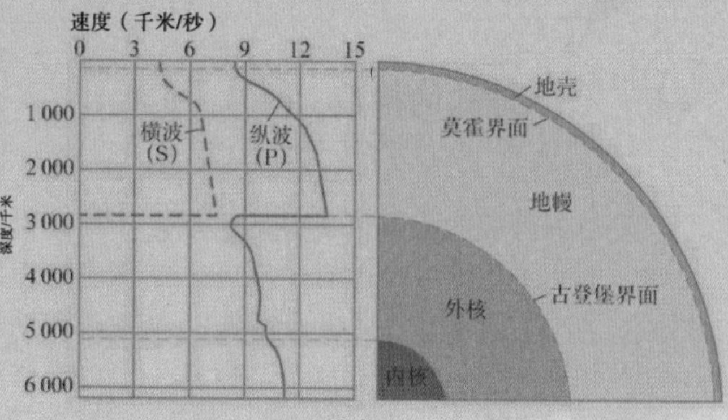

地核，是地球的中心部分。它相当于蛋黄。地核可以分外核和内核两部分：外核厚约2250千米，呈液态，由液态镍铁组成；内核厚约1220千米，呈固态，由固态镍铁组成。

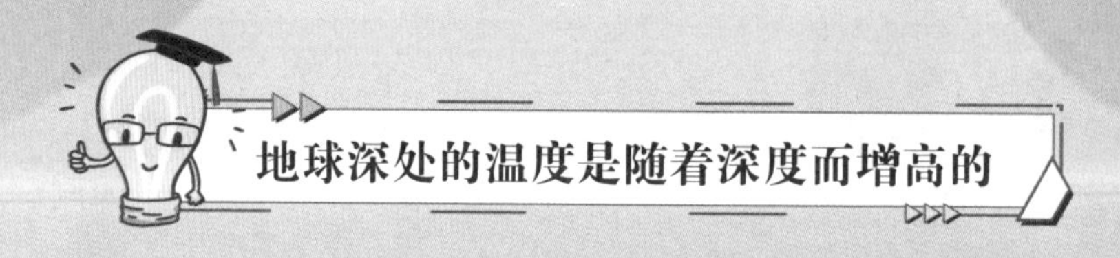

地球深处的温度是随着深度而增高的

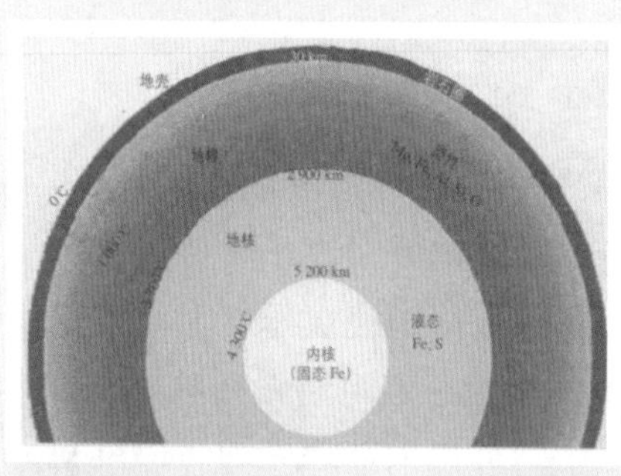

人们常说，太阳带给我们光明和温暖。地球上的光明固然归功于太阳，但地球上的温暖却不都是从太阳那里得到的。地球和人一样，也有自己的“体温”。

我们都知道，由于阳光的照射，地表温度会随昼夜和季节而发生变化，从而使地球表面受到影响。但是，在地球深处，太阳热量所产生的影响越来越小，以至消失。实验证明，太阳的照射只能影响地下十几米以内的温度，这部分地层叫做变温层。十几米以下的地层温度不再随昼夜和季节而变化，被称做恒温层。

从很深的矿井和钻孔得到的资料表明，地球深处的温度是随着深度而增高的。根据地球物理现象推测，在100千米的深度，温度接近该处岩石的熔点，为1100 ~ 1200℃；在核幔边界，温度约为3700℃；在外核与内核边界，深度为5150千米，温度约为4300℃，地球中心的温度，估计与此相差不多。

地球内部的热能从何而来？这个问题目前尚有争议。但一般认为可能来源于三个方面：第一，认为在地球形成过程中，由于尘埃和陨石物质积聚，位能（即势能）转化为热能而保存至今。第二，认为在地球分层过程中，由于较重元素如铁，不断渗入地心，重力位能转变为热能，而保存下来。第三，认为地球内部有镭、铀、钍等放射性元素，会在缓慢蜕变过程中释放热能，为地球不断补充“体温”。不管哪种意见，都认为地球靠它自身可以产生热能。

地质年代和地层

地壳上不同时期的岩石和地层被称为地质年代。地质学家和古生物学家根据测出岩石中某种放射性元素及其蜕变产物的含量而推算出岩石生成后距今的实际年数。科学家根据地层自然形成的先后顺序，将地层分为5代，即：太古代、元古代、古生代、中生代和新生代。每个代又划分若干纪，古生代分为寒武纪、奥陶纪、志留纪、泥盆纪、石炭纪和二叠纪，共6个纪；中生代分为三叠纪、侏罗纪和白垩纪，共3个纪；新生代只有古近纪、新近纪和第四纪，共3个纪。

地质年代简表

地质时代				时间 /Ma
宙	代		纪	
显生宙 PH	新生代 Kz		第四纪 Q	65
			新近纪 N	
			古近纪 E	
	中生代 Mz		白垩纪 K	251
			侏罗纪 J	
			三叠纪 T	
	古生代 Pz	晚古生代 Pz_2	二叠纪 P	416
			石炭纪 C	
			泥盆纪 D	
		早古生代 Pz_2	志留纪 S	542
			奥陶纪 O	
			寒武纪 C	
元古宙 PT	新元古代 Pt_3		震旦纪 Z	680
			南华纪 Nh	1800
			青白口纪 Qb	
	中元古代 Pt_2		蓟县纪 Jx	
			长城纪 Ch	
	古元古代 Pt_1			2500
太古宙 AR	新太古 Ar_2			4600
	古太古代 Ar_1			
冥古宙 HD				

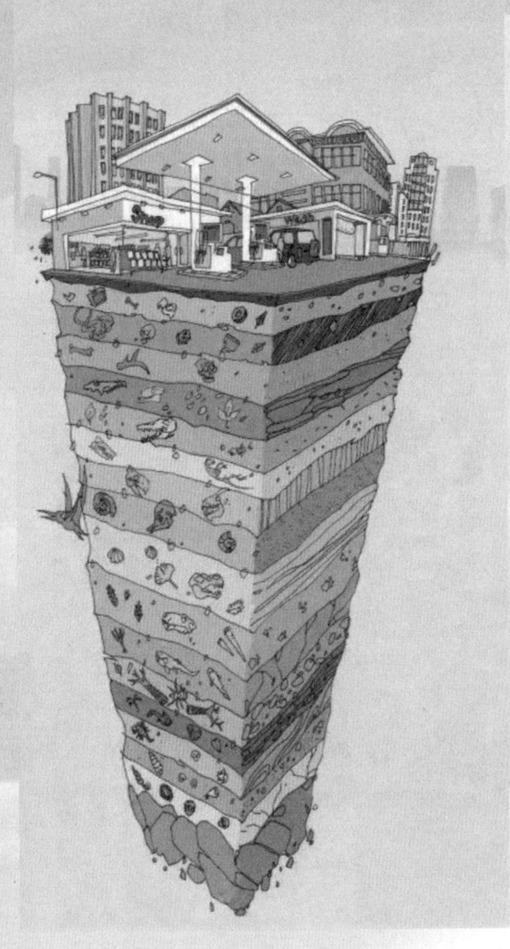

地层是一切成层岩石的总称，包括变质的和火山成因的成层岩石在内，是一层或一组具有某种统一的特征和属性的并和上下层有着明显区别的岩层。

地层可以是固结的岩石，也可以是没有固结的沉积物，地层之间可以由明显层面或沉积间断面分开，也可以由岩性、所含化石、矿物成分或化学成分、物理性质等不十分明显的特征界限分开。

地层和岩层这两个名词相似，但地层往往具有特定地质时代的涵义。

地层既然具有时代的概念，所以地层就有所谓上下或新老关系，这叫作地层层序，也就是相当一本书的页次。如果地层未受到扰动，或未发生逆转，则愈处于下部的地层愈老，愈处于上部的地层愈新，这种地层顺序叫正常层位，这种上新下老的关系叫地层层序律。

但是组成地壳的地层是错综复杂的，或者因某时代地壳上升造成地层缺失，或者因构造变动如逆掩断层造成层序颠倒，或者因变质作用改变了地层的产状和面貌。这就如同一本年代久远的古书已经变成残篇断简，顺序混乱、字迹模糊一样，必须进行一番校订考证工作，才能理清顺序，分章划段，进行研究。

说起石头，人们并不陌生。在地质学术语中，人们通常所说的石头被称为岩石。“岩”有高山陡崖之意，而“岩石”就是形成这些高山峭壁的石头。实际上，岩石的含义已远不止只形成高山，岩石在我们生存的地球上广泛分布，山脉、丘陵、岛屿、江河湖海以及平原的基底，都是由岩石组成的。

岩石是组成地壳的主要物质之一。是在各种不同地质作用下所产生的，由一种或多种矿物有规律组合而成的矿物集合体。组成岩石的基本元素是氧、硅、铅、铁、钙、钾、镁等。岩石的种类繁多，按其含矿物的多少，可分为由一种矿物质组成的单矿岩和由多种矿物组成的复矿岩。按其成因可分岩浆岩、沉积岩、变质岩。其中岩浆岩又叫火成岩，是组成地壳的基本岩石，它是由岩浆活动形成的。岩浆岩分为两种：一种是岩浆从火山口喷出地面冷却而成的岩石称为喷出岩；另一种是岩浆从地球深处沿地壳裂缝处缓慢侵入而猛烈喷出地表，然后在周围岩石的冷却挤压下固结而成的岩石，称侵入岩。大陆常见的喷出岩是玄武岩，地壳中最常见的侵入岩是花岗岩。沉积岩是地壳最上部的岩石，它是由亿万年前的岩石和矿物经过长期外力作用而形成的。常见的砂岩、页岩、石灰岩都是沉积岩。岩浆岩和沉积岩在受到高温、高压或外部各种化学溶液的作用时，其内部结构重新组合，矿物发生重新结晶而成的岩石就是变质岩。变质岩是大陆地壳中最主要的岩石类型之一。

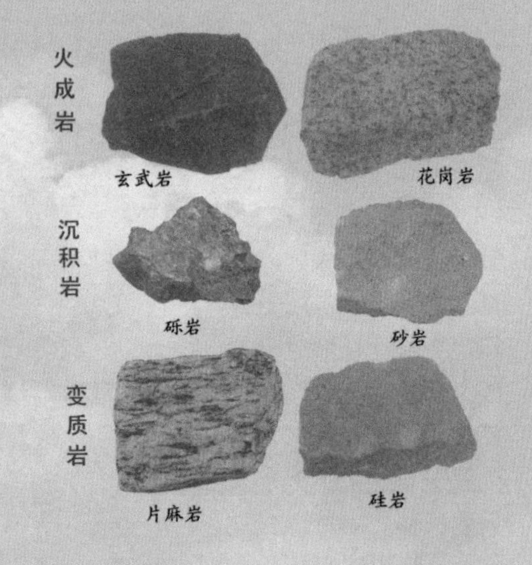

大陆漂移学说与板块构造

地球表面是由厚度大约为 100 ~ 150 千米的巨大板块构成的，全球岩石圈可分成六大板块，即太平洋板块、印度洋板块、亚欧板块、非洲板块、美洲板块和南极洲板块。其中只有太平洋板块几乎完全在海洋，其余板块均包括大陆和海洋，板块与板块之间的分界线是海岭、海沟、大的褶皱山脉和大断裂带。

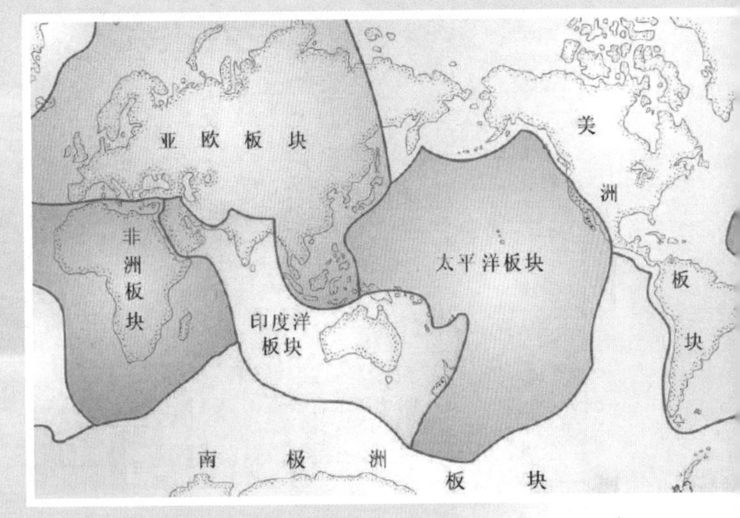

地球表面的板块就像冰山在海洋中一样飘浮在玄武岩质基底上，移动非常缓慢。大部分陆地或者全部大陆都在板块之上。所以当板块运动的时候，各个大陆之间就表现出了相对运动状况，这被称为大陆漂移。

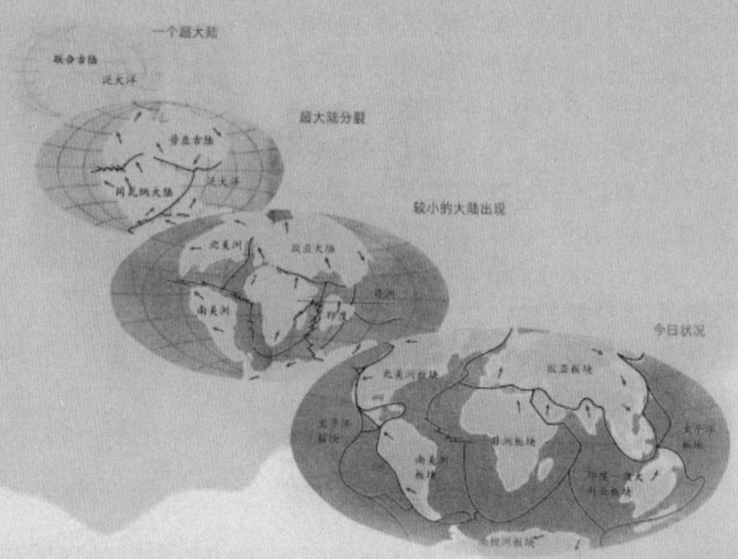

这是由德国气象学家兼地质学家魏格纳于 1915 年提出的。大陆漂移说认为，地球上所有大陆在中生代以前曾经是统一的巨大陆块，称之为泛大陆或联合古陆。从中生代开始，泛大陆分裂并漂移，逐渐到达现在的位置。

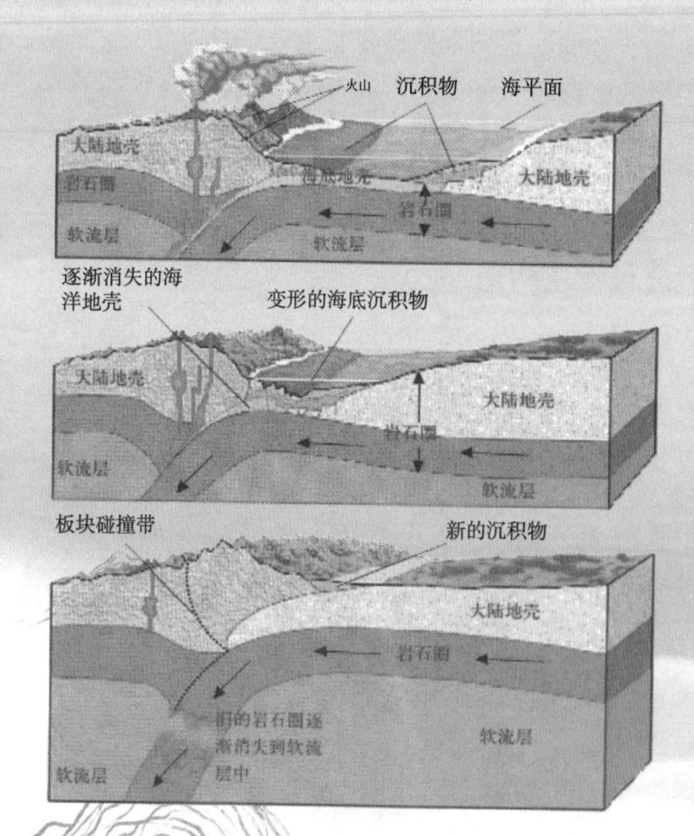

板块间最常发生的运动方式是互相碰撞（聚合板块界线），碰撞时的强大力量常使地层发生抬升、倾斜或褶皱等现象，产生高大的山脉。与褶皱运动同时发生的，还有大规模的逆断层及其他断层作用。岩浆岩的入侵和变质作用，一般称为“造山运动”，有时也会形成岩浆，产生火山活动，造成一系列火山现象。地震活动和造山运动的关系是非常密切的。

地震知识篇

- 古代地震的传说
- 地震是一种常见的自然现象
- 地震是怎样发生的
- 断层和活断层
- 地震释放的能量用震级表示
- 震源深度和震中距影响破坏程度
- 地震波
- 地震带
- 地震类型
- 地震灾害
- 地震次生灾害是极为严重的
- 我国地震震级大、频度高、灾害重
- 新中国成立以来较大的一些地震
- 20 世纪以来世界著名的地震

古代地震的传说

地震古代就有，在科学不发达的年代，关于地震的起因，世界各国有许多伴随着丰富想象力的神话与传说。

新西兰流传着这样一个传说：地下住着一位女神，名叫“地母”，当地母发怒的时候，会挥动手脚，造成大地振动，于是地震便发生了。而居住在新西兰的毛利人则认为，火山和地震之神罗奥摩柯在母亲低头给他喂奶时，不小心把他压入地下，此后他就不断地咆哮，并且喷出火焰。

北美印第安人则相信大地被放在一只大乌龟的背上，乌龟向前走，大地就开始颤抖。

随着科学的发展，人们对地震的认识从神话中走了出来。以现在的观点来看，这些关于地震的传说显得十分荒诞，但它们反映了古代人探索和了解地震的迫切愿望。

地壳无时不在运动，但一般而言，地壳运动速度缓慢，不易被人们感觉到。在特殊情况下，地壳运动可表现快速而激烈，那就是地震活动，并常常引发山崩、地陷、海啸。

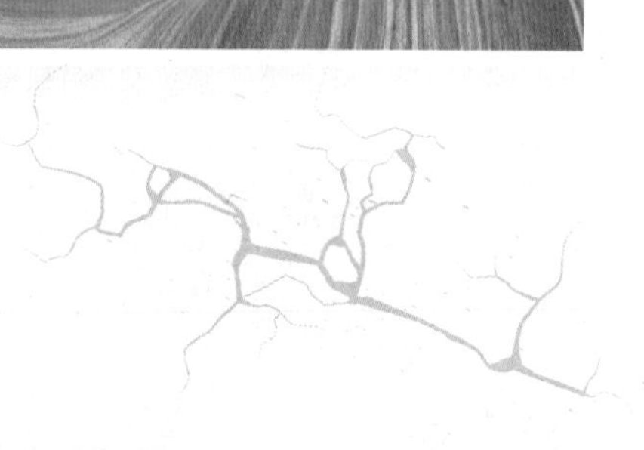

地震就是因地球内部缓慢积累的能量突然释放而引起的地球表层的振动。它是一种经常发生的自然现象，是地壳运动的一种特殊表现形式。强烈的地震会给人类带来很大的灾难，是威胁人类的一种突如其来的自然灾害。

地球上每年大约发生 500 多万次地震，也就是说，每天都要发生上万次地震。不过，它们之中的绝大多数或震级太小，或发生在海洋中，或离我们太远，我们感觉不到。

对人类造成严重破坏的地震，即七级以上地震，全世界每年大约发生一二十次；像汶川地震那样的八级特大地震，每年大约发生一两次。

由此可见，地震和风、雨、雷、电一样，是地球上经常发生的一种自然现象。

全球每年约500万次地震

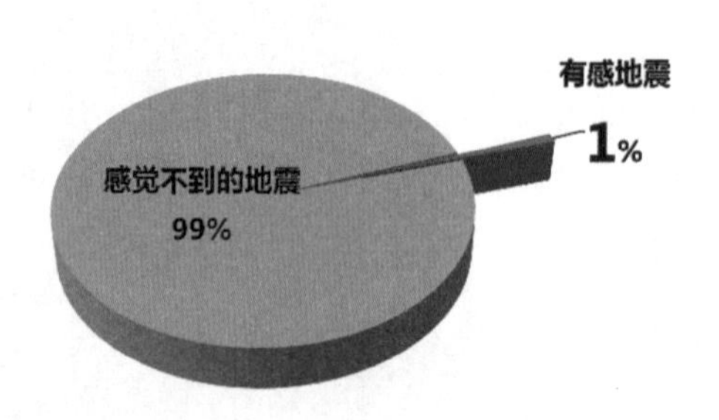

地震是怎样发生的

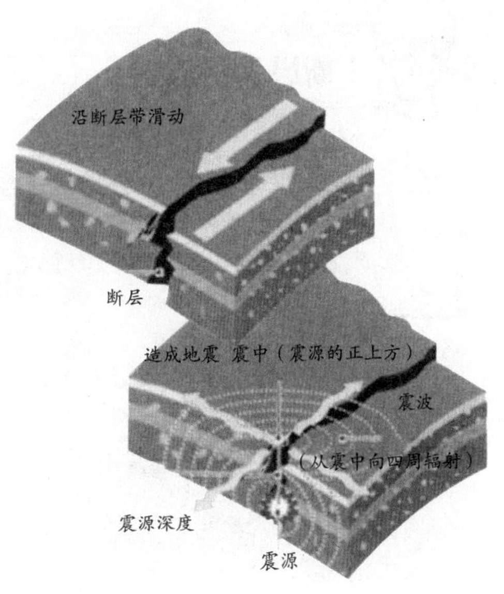

由于引起地壳震动的原因不同，可以把地震分为构造地震、火山地震、陷落地震和诱发地震等等。构造地震是由于岩层断裂，发生变位错动，在地质构造上发生巨大变化的地震，也被称作“断裂地震”。目前世界上发生的地震，90% 以上属于构造地震。

构造地震一般发生在地壳和上地幔顶部，即岩石圈之中。

地球在不停地自转和公转，同时地壳内部也在不停地变化。由此而产生力的作用，使地下岩层变形、断裂、错动，进而产生构造地震。具体可以用“弹性回跳假说”来解释。

1911 年，美国科学家理德提出，地球内部不断积累的应变能超过岩石强度时，便会产生断层，断层形成后，岩石弹性回跳，恢复原来状态，并把积累的能量通过地震波突然释放出来，这就是所谓的“弹性回跳假说”，也是当今对地震成因的主流解释。

“弹性回跳假说”是目前应用最广的关于地震成因的假说，它能较好地解释绝大多数地震的成因，但无法解释深达几百千米的地震。

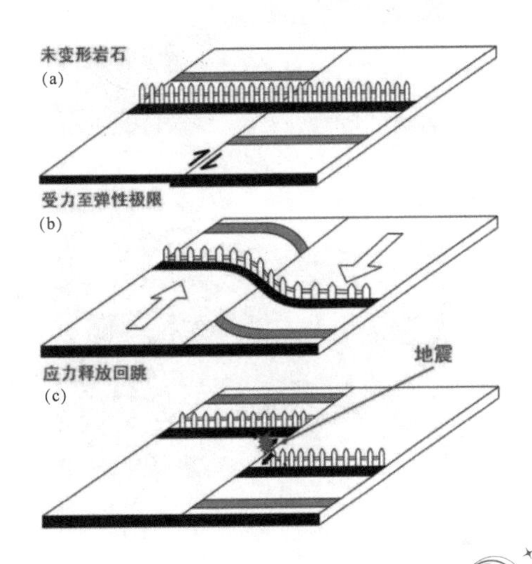

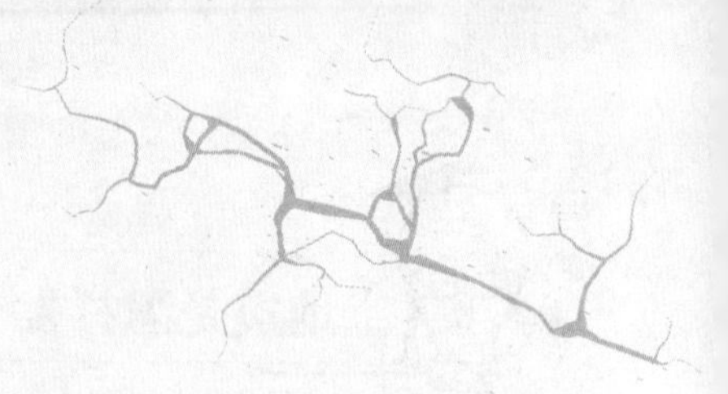

断层和活断层

地壳岩层因受力达到一定强度而发生破裂，并沿破裂面有明显相对移动的构造称为断层。地震往往是由断层活动引起的，地震又可能产生新的断层。所以，地震与断层的关系十分密切。

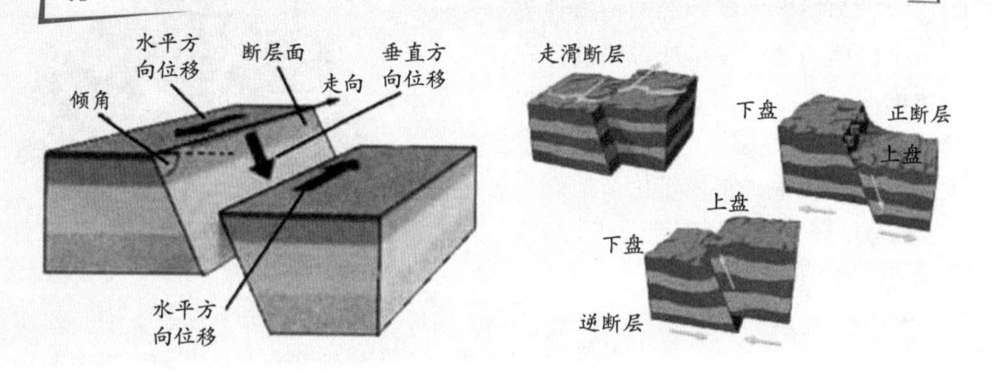

岩石发生相对位移的破裂面称为断层面。根据断层面两盘运动方式的不同，大致可分为正断层（上盘相对下滑）、逆断层（上盘相对上冲）和走滑断层（又称平移断层，两盘沿断层走向相对水平错动）三种类型。

正断层

逆断层

走滑断层

与地震发生关系最为密切的，是在现代构造环境下曾有活动的那些断层，即第四纪以来，尤其是距今 10 万年来有过活动，今后仍可能活动的断层。这种断层通常被称为“活断层”。

发生在陆地上的断层错动，是造成灾害性地震最主要的原因。

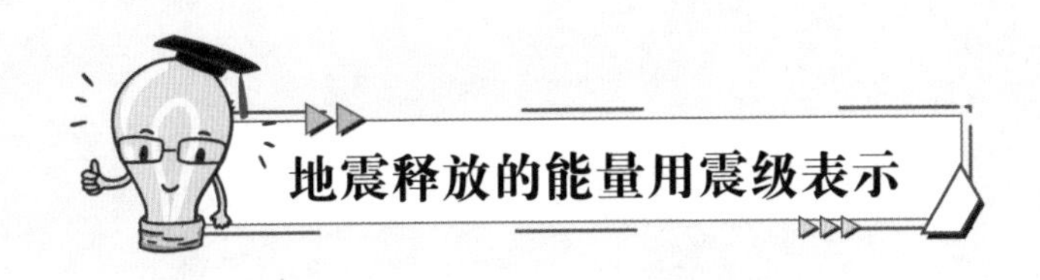

地震释放的能量用震级表示

地震的大小用震级来表示。震级是根据地震时释放的弹性波能量大小确定的。我们通常把小于 2.5 级的地震叫小地震，2.5 ~ 4.7 级地震叫有感地震，大于 4.7 级地震称为破坏性地震。

震级每相差 1 级，地震释放的能量相差约 31.6 倍。比如说，一个 7 级地震相当于约 32 个 6 级地震，或相当于约 1000 个 5 级地震。震级相差 0.1 级，释放的能量平均相差约 1.4 倍。

震源深度和震中距影响破坏程度

从震中到震源的距离叫震源深度。震源深度小于 60 千米的地震为浅源地震，在 60 ~ 300 千米之间的地震为中源地震，超过 300 千米的地震为深源地震。

按震源深度的地震分类

地震类别	震源深度	所占比例	破坏力
浅源地震	60 千米以下	72.5%	造成的灾害严重
中源地震	60 ~ 300 千米	23.5%	一般不造成灾害
深源地震	300 千米以上	4%	一般不造成灾害

震源深度最深的地震是 1963 年发生印度尼西亚伊里安查亚省北部海域的 5.8 级地震，震源深度 786 千米。

同样大小的地震，震源深度不一样，对地面造成的破坏程度也不一样。震源深度越浅，破坏越大，但波及范围也越小。

某地与震中的距离叫震中距。震中距小于 100 千米的地震称为地方震，在 100 ~ 1000 千米之间的地震称为近震，大于 1000 千米的地震称为远震，其中，震中距越远的地方受到的影响和破坏越小。

地震波

地震时，振动在地球内部以弹性波的方式传播，因此被称作地震波。这就像把石子投入水中，水波会向四周一圈一圈地扩散一样。

地震波按传播方式分为三种类型：纵波、横波和面波。

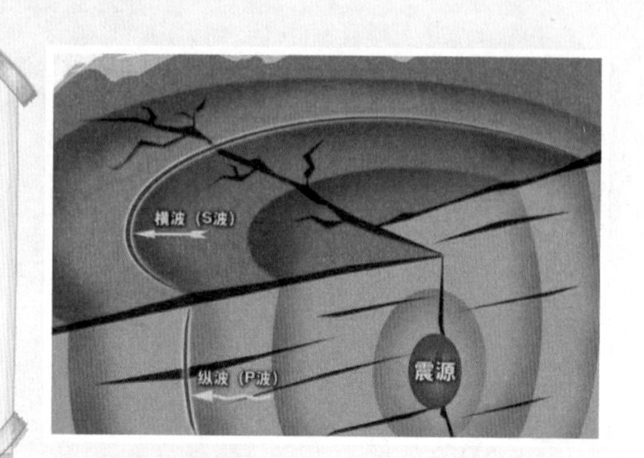

纵波又称P波，是推进波，在地壳中传播速度为5.5 ~ 7.0千米/秒，最先到达震中，它使地面发生上下振动，破坏性较弱。

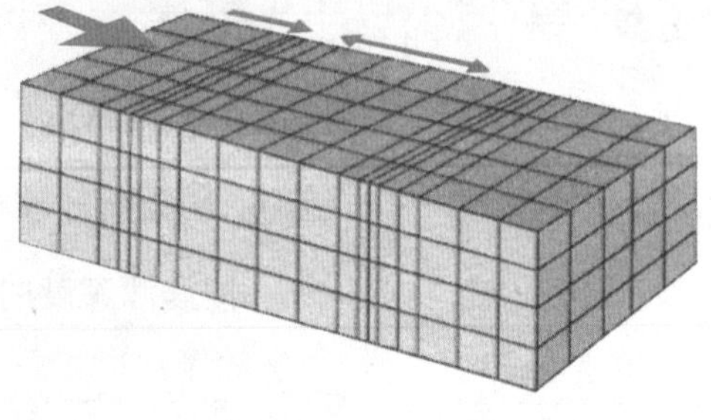

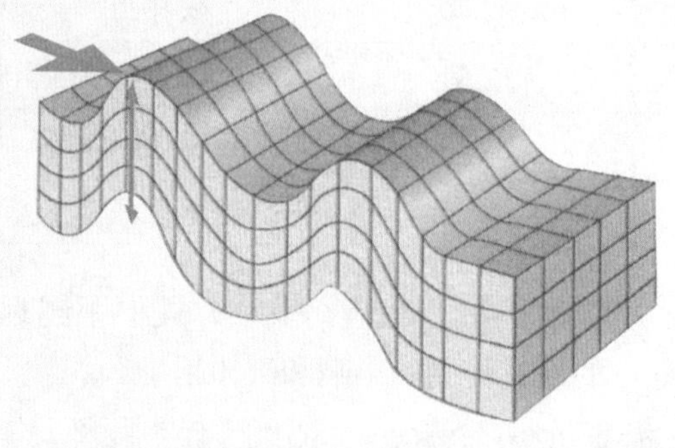

横波又称S波，是剪切波，在地壳中的传播速度为3.2 ~ 4.0千米/秒，第二个到达震中，它使地面发生水平向振动，破坏性较强。

面波又称L波，是由纵波与横波在地表相遇后激发产生的混合波。其波长大、振幅强，沿地表传播，是造成建筑物严重损坏的主要因素。

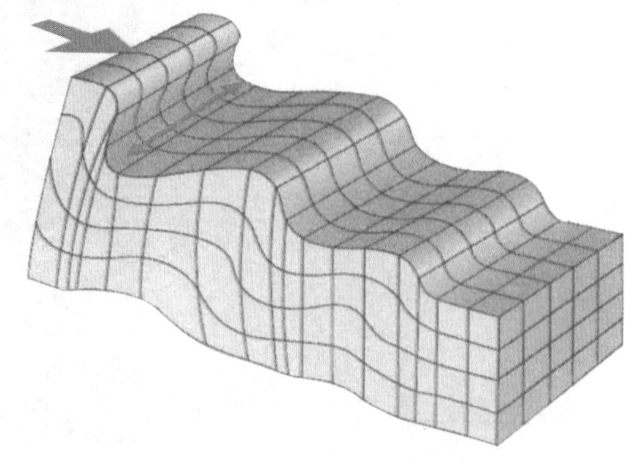

地震带

地震带就是地震发生比较集中的地带，一般被认为是未来可能发生强震的地带。地震带常与一定的地震构造相联系。

从世界范围看，地震主要集中分布在三大地震带上，即环太平洋地震带、欧亚地震带、海岭（大洋中脊）地震带。

地震类型

根据不同的条件，地震可以分为很多不同的种类。

根据发生的位置分为：板缘地震（板块边界地震）、板内地震；

根据震源深度分为：浅源地震、中源地震、深源地震；

根据地震的远近分为：地方震、近震、远震；

根据震级大小分为：弱震、有感地震、中强震、强震；

根据破坏程度分为：一般破坏性地震、中等破坏性地震、严重破坏性地震、特大破坏性地震；

根据形成原因分为：构造地震、火山地震、陷落地震、诱发地震、人工地震。

其中发生次数最多、造成灾害较大的要属构造地震，构造地震是由于地下深处岩石破裂、错动，把长期积累起来的能量急剧释放出来，以地震波的形式向四面八方传播出去，到地面引起的房摇地动。这类地震发生的次数最多，破坏力也最大，占全球地震的 90% 以上。

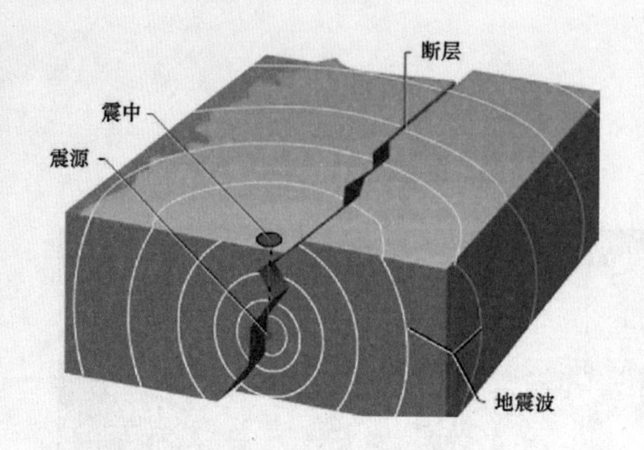

构造地震破坏——汶川地震

地震灾害

地震灾害是地震对人类社会造成的灾害事件。地震成灾的程度主要取决于地震震级的大小、震源的深浅、震区的地质条件、建筑物的抗震能力、经济发展和人口等因素。一般将地震灾害分为直接灾害和次生灾害。

地震直接灾害主要有：地面的破坏，建筑物与构筑物的破坏，生命线系统（如交通、通信、供水、排水、供电、供气、输油等）的破坏。

地震次生灾害是指直接灾害发生后，破坏了自然或社会原有的平衡或稳定状态，从而引发出的灾害。主要有：火灾、水灾、毒气泄漏、瘟疫，山体等自然物的破坏（如滑坡、泥石流等），以及海啸。其中火灾是次生灾害中最常见、最严重的。1995 年 1 月 17 日，日本阪神地区发生 7.2 级地震后，发生了严重的火灾，经济损失约 1000 亿美元。

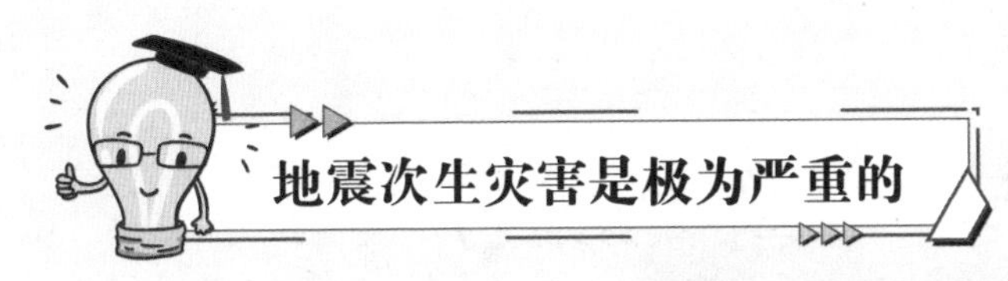

地震次生灾害是极为严重的

地震本身的特点决定了地震次生灾害的多样性，如滑坡、泥石流、火灾、水灾、有毒有害物质外溢等。同时，因为地震是瞬间发生的，而受灾面积又很广，因此，不同种类的次生灾害可能同时发生；不同种类或同一种类的灾害也可能在震后一段时间内相继发生；各种地震次生灾害又相互关联，互相诱发。

破坏性地震的突发性和巨大的摧毁力，使人们对地震十分恐惧。有一些地震本身没有造成直接破坏，但由于各种地震谣言广为流传，以致造成社会动荡而带来损失。这种情况如果发生在经济发达的特大城市，损失会相当于甚至超过一次真正的破坏性地震。因此，在地震灾害中，次生灾害是极为严重的。为了减轻地震灾害，一定要做好地震次生灾害防范工作。

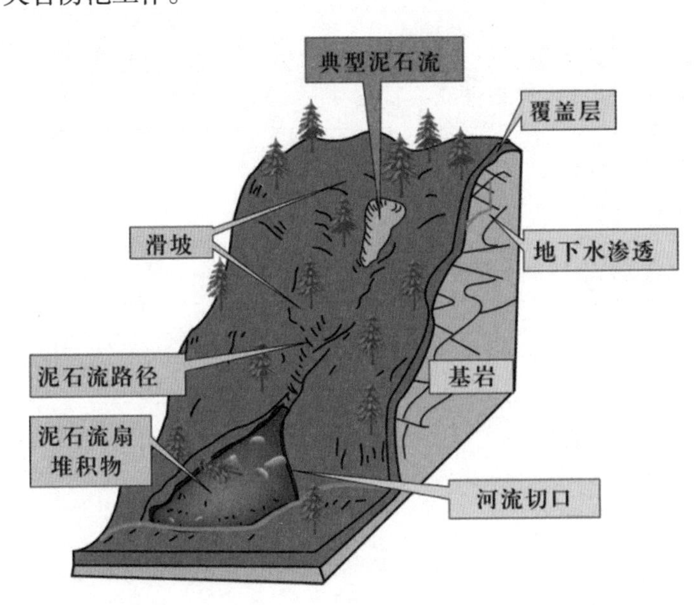

我国位于欧亚大陆的东南部，东部受环太平洋地震带的影响，西南和西北又都处于欧亚地震带上，因而自古以来就是一个多地震的国家，拥有长达2000多年的关于地震的史料。

有记载以来，除贵州、浙江外，我国的其他省份都发生过6级以上地震；60%的省份发生过7级以上的地震。

1949年以来我国大陆地区经济损失较严重的几次地震

序号	日期	地点	震级	经济损失（亿元人民币）
1	2008.05.12	四川汶川	8.0	8451
2	1976.07.28	河北唐山	7.8	100
3	1996.02.03	云南丽江	7.0	40
4	1988.11.06	云南澜沧—耿马	7.6	20.5
5	1996.05.03	内蒙古包头	6.4	15
6	1966.03.22	河北邢台	7.2	10
7	1975.02.04	辽宁海城	7.3	8.1
8	1998.01.10	河北张北—尚义	6.2	7.6
9	1989.10.19	山西大同	6.1	4.0
10	1989.04.16	四川巴塘	6.7	3.9
11	1996.03.19	新疆伽师	6.9	3.9

我国地震灾害十分严重。全球大陆地区的大地震中，约有四分之一至三分之一发生在我国。20世纪以来，我国死于地震的人数已达59万人，约占同期全世界地震死亡人数的一半。

新中国成立以来较大的一些地震

唐山大地震

1976年7月28日，中国河北省唐山市发生了7.8级强烈地震，是中国历史上罕见的城市地震灾害。地震震中位于唐山市区，北京和天津都受到严重波及，地震破坏范围超过3万平方千米，广达14个省、市、自治区。极震区内几乎所有建筑物均被夷平，在震区及周围地区，出现大量的裂缝带，以及喷砂冒水、井喷、重力崩塌、滚石、边坡崩塌、地基沉陷、岩溶洞陷落以及采空区坍塌等现象，灾情之严重，举世罕见。

四川汶川大地震

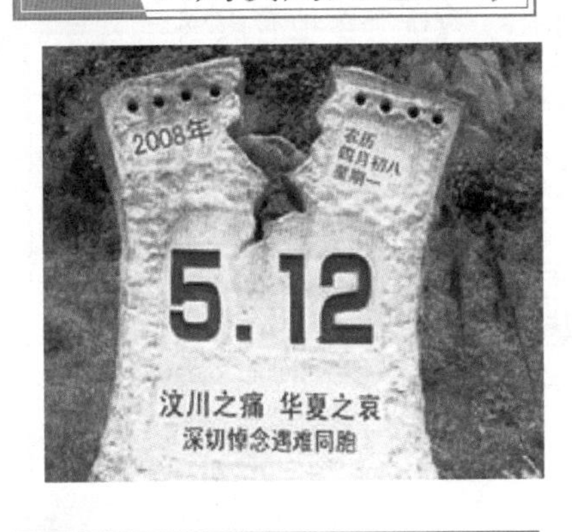

2008年5月12日14时28分04秒，四川省阿坝藏族羌族自治州汶川县映秀镇与漩口镇交界处、四川省省会成都市西北偏西方向80千米处发生8.0级大地震，破坏地区超过10万平方千米。震中烈度达到XI度。地震波及大半个中国及亚洲多个国家和地区。是中华人民共和国成立以来破坏力最大的地震，也是唐山大地震后伤亡最惨重的一次地震。

青海玉树地震

2010年4月14日7时49分，青海省玉树藏族自治州玉树县发生两次地震，最高震级7.1级，地震震中位于县城附近。灾区85%以上依山而建的土木房屋倒塌，由于地震时当地多数人尚未起床，伤亡较为严重，玉树地震造成2698人遇难，70人失踪，12135人受伤。

四川雅安地震

2013 年 4 月 20 日 8 时 02 分，四川省雅安市芦山县发生 7.0 级地震。震源深度 13 千米，震中距成都约 100 千米。成都、重庆及陕西的宝鸡、汉中、安康等地均有较强震感。震中芦山县龙门乡 99% 以上的房屋垮塌，当地卫生院等停止工作，停水停电。受灾人口 152 万，受灾面积 12500 平方千米。

云南鲁甸地震

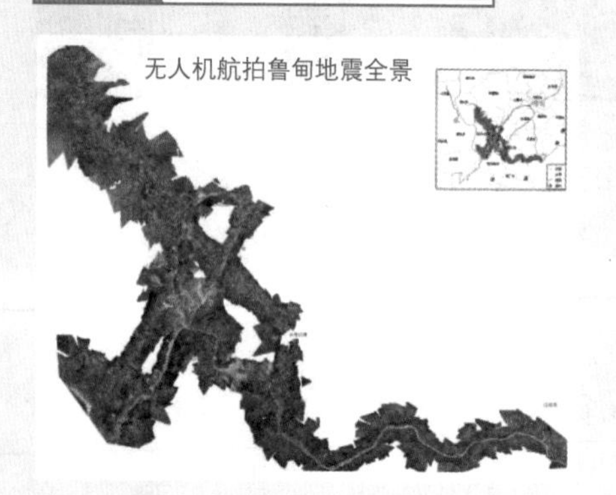

2014 年 8 月 3 日 16 时 30 分，云南省昭通市鲁甸县发生 6.5 级地震，震源深度 12 千米。震中距离昭通市区约 49 千米，距离凉山州约 134 千米，距离六盘水市约 161 千米，距离攀枝花市约 167 千米。昆明、成都、乐山、重庆等多地有震感。

20 世纪以来世界著名的地震

旧金山大震

1906 年 4 月 18 日清晨 5 时 12 分左右，美国旧金山发生 7.8 级大地震，震中位于接近旧金山的圣安德烈斯断层上。自俄勒冈州到加州洛杉矶，甚至是位于内陆的内华达州都能感受到地震的威力。这场地震及随之而来的大火，对旧金山造成了严重的破坏。

日本关东大地震

1923年9月1日上午11时58分，日本关东平原发生7.9级强烈地震，并引发大规模火灾，造成惨重的人员伤亡。日本政府称，共计14万余人死亡或失踪。

智利大地震

1960年5月22日，智利西海岸发生了8.9级地震，是当时观测史上记录到的震级最大的地震。地震过后，从智利首都圣地亚哥到蒙特港沿岸的城镇、码头、公用及民用建筑，或沉入海底，或被海浪卷入大海。地震形成的海浪以每小时700千米的速度横扫太平洋。此外，地震引起普惠火山在震后48小时爆发。

印度尼西亚苏门答腊大地震海啸

2004年12月26日8时左右，印度尼西亚苏门答腊岛北部发生8.7级强烈地震，引发南亚、东南亚连环地震海啸。这次印尼苏门答腊附近海域的地震，发生在水深超过1000米的深海，震级大，是印度洋地区历史上发生过的震级最大的地震。

海地大地震

2010年1月12日16时53分，加勒比海岛国海地发生7.0级大地震，首都太子港及全国大部分地区受灾严重，造成22万多人死亡，19.6万人受伤。此次地震中遇难者有联合国驻海地维和部队人员，其中包括8名中国维和人员。

东日本大地震

2011年3月11日14时46分，日本东北部海域发生9.0级地震并引发海啸，造成重大人员伤亡和财产损失。地震震中位于宫城县以东太平洋海域，震源深度海下10千米。东京有强烈震感。地震引发的海啸影响到太平洋沿岸的大部分地区。地震造成日本福岛第一核电站1～4号机组发生核泄漏事故。

避震常识篇

- 安全避震的关键
- 不同情形下的避震动作要领
- 在家里怎么避震
- 在教室怎样避震
- 在操场等室外怎么避震
- 在电梯中怎么避震
- 在影剧院等公共场合怎样避震
- 在人多的公共场所怎样保护自己
- 在车上怎么避震
- 应对地震次生灾害
- 不要听信谣言

震时每个人所处的环境、状况千差万别，避震方式也不可能千篇一律，要具体情况具体分析。这些情况包括：是住平房还是住楼房，地震发生在白天还是晚上，房子是不是坚固，室内有没有避震空间，你所处的位置离房门远近，室外是否开阔、安全。

避震能否成功，就在千钧一发之际，决不能瞻前顾后、犹豫不决。住平房或处于楼房一层的人避震时，更要行动果断，感觉到地面震动时，应紧急逃出到室外空旷场地，切勿因贪恋财物耽误时间。

如果住在楼房其他层，应“伏而待定，不可疾出”，震动结束后，抓紧时间到达合适的避震场所，采取正确的避震姿势。

在公共场所，我们要听从指挥，镇静避险，避免踩踏事件的发生。

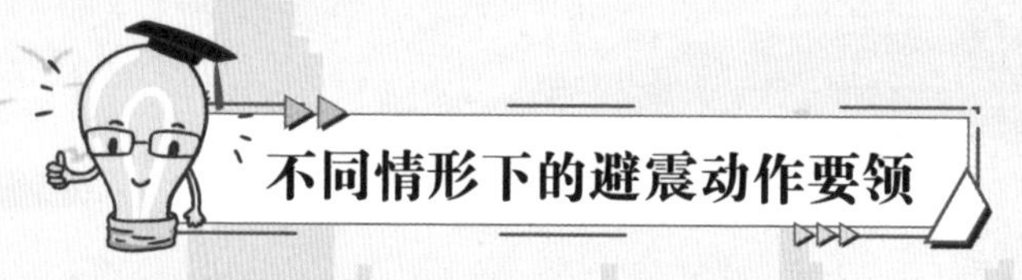

最初感觉震动时，关闭火源、电源。摇晃时立即互相招呼：“地震！快关火！”最方便操作的人采取行动关火。平时就要养成即便是小的地震也关火的习惯。

感到明显晃动时，蹲下或坐下，降低身体重心，尽量蜷曲身体，以减少身体暴露在外的面积。需要指出的是：躺卧的姿势并不科学。那样做，人体的平面面积加大，被击中的概率要比站立和蹲伏大好几倍，而且很难机动变位。

感到剧烈晃动时，抓住身边牢固的物体，以防因身体移位而受到坚实物体的碰撞伤害。

有建筑碎屑或碎块掉落时，注意保护头颈部：有可能时，用身边的物品，如枕头、被褥、书包等顶在头上；或者低头，用手护住头部和后颈；

有粉尘或闻到异味时，保护眼睛，低头、闭眼，以防异物伤害；保护口鼻，有可能时，可用湿毛巾或衣袖捂住口鼻，以防灰土、毒气进入口腔、鼻腔。

如果小晃动时没来得及关火，大的晃动已经发生，不要尝试去关火，以免发生危险。在大的晃动停息，准备撤离到户外的时候的时候，可以尽快去关火。

在家里怎么避震

发生破坏性地震时，住楼房的人如果在家里，可以选择躲在室内比较安全的地方：

①卫生间等开间小、有支撑物的房间；

②室内承重墙的墙角；

③低矮、坚固的家具边；

④坚固的桌下或者床下；

⑤平时规划好的家庭避震空间。

在教室怎样避震

正在上课时，学生要在教师指挥下躲避在课桌下或课桌旁，迅速护住头部、闭眼。尽量蜷曲身体，降低身体重心。尽可能离开外墙和玻璃窗，避开天花板上的悬吊物，如吊扇、吊灯等。内墙墙角处也可暂避。

在室内无论在何处躲避，都要尽量用书包或其他软物体保护头部，这等

于给自己戴了一个软头盔。

避震时，人员应当分散，不要过于集中，最好留出通道。

地震平息后，应在教师的统一指挥下，迅速有序地撤离，转移到安全地带。必须要注意安全和秩序，不要一窝蜂地挤向楼梯，以免因相互踩踏而造成不必要的伤亡。

在操场等室外怎么避震

在操场等室外时，要迅速远离易爆和易燃及有毒气体储存的地域，避险时要远离篮球架、高楼、有玻璃幕墙的建筑、大烟囱、水塔、高压线以及峭壁、陡坡，不要在狭窄的巷道中停留，要尽量在空旷的地方躲避，可原地蹲下，双手保护头部。

地震发生后，在确定安全并获得老师的允许之前，千万不要返回教室内取东西。

如果在野外，要飞速避开水边，如河边、湖边，以防河岸坍塌而落水。还应避开山边的危险环境，如山脚下，陡崖边，以防山崩。不要在陡峭的山坡、山崖上停留，以防地裂滑坡。

在电梯中怎么避震

在搭乘电梯时遇到地震，要将各楼层的按钮全部按下，一旦停下，迅速离开电梯，确认安全后避难。

高层大厦的电梯，一般都装有管制运行的装置。地震发生时，会自动停在最近的楼层。

万一在地震发生时被关在电梯中，也不要惊慌，可以通过电梯中的专用电话求助。

在影剧院等公共场合怎样避震

在影剧院、体育馆等处遇到地震时，可就地蹲下或趴在排椅下；在商场、书店等处遇到地震，可选择结实的柜台、商品（如低矮家具等）或柱子边，以及内墙角等处就地蹲下。

在宾馆遇到地震时，应迅速躲在坚固的桌下或床下（旁），也可以躲进开间小的卫生间，千万不要滞留在床上，也不要到阳台上、外墙边或窗边，不要往楼梯间跑，不要乘电梯，更不能跳楼。

在人多的公共场所怎样保护自己

在商场、地下街等人员较多的地方，最可怕的是发生混乱。所以一定要听从工作人员指挥，千万不要乱跑，不要慌乱拥挤，不要拥向出口，尽量要避开人流。

如果在人多的公共场所无处可躲，可以采取“双手紧握，手臂护头，屈身侧卧”的避险动作：身体蜷曲成球状并侧卧，以免脊柱受损；双手在颈后紧扣，以保护头部和颈椎。这样既可最低限度地护住头部和脊柱，又能利用自身形成一定的呼吸空间，还可避免在拥挤人群中因踩踏而致伤亡。这应该是极端情况下最好的避震方法。

在车上怎么避震

如果地震时，你坐在行驶中的车辆上，要尽量系上安全带，将胳膊靠在前面座位的椅背上，护住面部，身体倾向通道，两手护住头部；如果发生地震时你正站在公交车里，要降低重心，躲在座位附近，同时用手牢牢抓住扶手或座椅等，以免摔倒或碰伤。

如果在停车场遇到地震，而这个停车场周围又高楼林立，没有空旷区域的话，那么一定要赶紧下车，在车旁或两车之间的位置抱头蹲下或卧倒。很多地震时在停车场丧命的人，都是在车内被活活压死的，在两车之间的人，却毫发未伤。车旁或两辆车之间的空隙可以成为你救命的空间，增加存活机会。

应对地震次生灾害

震后往往伴随着诸如火灾、水灾等次生灾害，比起地震，震后的火灾、水灾等更可怕。

震后火灾

一旦震后发生火灾，千万别乱跑，更不要到拥挤的地方去；要趴在地上，用湿毛巾捂住口鼻，以免吸入浓烟和有毒气体，一时找不到湿毛巾，可用浸湿的衣物代替；尽量向安全地点转移，如果火势较大，温度很高，可用水浇湿衣服等隔热，寻机匍匐逃离火场，朝与火势趋向相反的方向逃生。万一身上着火了，可就地打滚压灭身上的火苗，如果身边有水，可用水浇或跳入水中熄灭火苗。

震后水灾

地震带来的强烈震动，可能引起水库大坝垮塌、决堤，迅速冲出的大水会给我们带来巨大灾难。一旦发生水灾，应立即向高地、楼顶等高处转移，如果已被大水包围，也不必惊慌，可爬上高墙、大树等暂时避险，等待救援。不可攀爬带电的电线杆、铁塔，不可触摸或接近电线，以免触电，也不要爬到泥坯房的屋顶。

如果附近没有高地和楼房可供躲避，或暂时避险的地方已经难以自保，要尽可能利用船只、木板等可漂浮的物体，做水上转移。千万不要游泳逃生。一旦被洪水包围，要设法尽快与当地政府防汛部门取得联系；无通讯工具时，可制造烟火、用镜子反光、挥动颜色鲜艳的衣物或大声呼救，不断向外界发出求救信号，积极寻求救援。如果被卷入洪水中，一定要尽可能抓住固定的物体或木板、树干等能漂浮的东西，寻找机会逃生。如果时间允许的话，可以在离开房屋之前，把燃气阀、电源总开关等关掉；吃些热量高的食物，如巧克力、糖、甜糕点等，以增强体力。

牢记以下避震秘诀：

近水不近火，靠里不靠外。

能站就不躺，能躲就不钻。

房倒树不倒，有树不用跑。

不要听信谣言

在过度关注“地震消息”的过程中，一些传言被不断放大和传播，这会严重扰乱人们的正常生活和生产秩序。

那些明显违反科学原理，或带有浓厚的迷信色彩的“地震消息”必为地震谣传。例如，“某月某日某时刻将

识别地震谣传的办法

询问当地政府或地震管理部门，或查询地震部门网页信息公告、微博、微信信息，或收听收看广播电视等媒体信息公告。

在某地发生某级地震”的说法肯定是地震谣传。因为当前地震预报水平有限，不可能做出准确的临震预报。

只要不是政府发布的，都不要相信，更不应传播。

当听到地震传闻时，要及时向当地政府和地震部门反映，积极协助有关部门平息谣传。

在发生大地震时，人们心理上易产生动摇。为防止混乱，依据正确的信息、冷静地采取行动极为重要。我们可以从电视、网络、手机、广播中获取正确的信息，相信从政府防灾机构直接得到的信息，决不轻信不负责任的流言蜚语。

自救互救篇

- 自救互救至关重要
- 地震后被困者应如何保护自己
- 震后常用逃生技巧
- 互救最关键是时间要快
- 要特别注意被压者的安全
- 安全地搬运伤员
- 妥善地处理伤口
- 骨折肢体的固定
- 震后救援常用仪器和设备
- 地震救援机器人

自救互救至关重要

时间就是生命。大地震的救灾过程表明，灾民的自救互救能最大限度地赢得时间，挽救生命。例如，1976年唐山7.8级地震后，唐山市区（不包括郊区和矿区）的70多万人中，有80% ~ 90%的人被困在倒塌的房屋内，而通过市民和当地驻军的努力，80%以上的被埋压者获救，灾民的自救与互救使数以十万计的人死里逃生，大大降低了伤亡率。

地震后被困者应如何保护自己

若震后被困于建筑物中，要尽量保护好自己，树立生存的信心，在等待救援的同时，采取一定的自救措施。

沉住气，相信一定会有人来救你。

保持呼吸畅通，尽量挪开脸前、胸前的杂物，清除口鼻附近的灰土。

设法避开身体上方不结实的倒塌物、悬挂物。

闻到煤气及有毒异味或灰尘太大时，设法用湿衣物捂住口鼻。

搬开身边可移动的杂物，扩大生存空间。

设法用砖石、木棍等支撑残垣断壁，以防余震时进一步被埋压。

设法与外界联系。仔细听听周围有没有人，听到人声时敲击铁管、墙壁，发出求救信号。

与外界联系不上时，可试着寻找通道。观察四周有没有通道或光亮；分析、判断自己所处的位置，从哪儿有可能脱险；试着排除障碍，开辟通道。

若开辟通道费时过长、费力过大或不安全时，应立即停止，以保存体力。

如果受伤，要想办法包扎。

如果找不到脱离险境的通道，不要哭喊、急躁和盲目行动，要尽量保存体力，用石块敲击能发出声响的物体，向外界发出呼救信号。要尽可能控制自己的情绪或闭目休息，冷静思考能让自己生存下去的方法。

1. 绳索逃生法

如果在震后被困于一座挤压变形严重的危楼之中，四周的通道又完全被杂物堵死，此时的一根绳索就是逃生的希望。当然，在利用绳索逃生的过程中，如何打出一个专业的、牢固的绳结，是确保我们安全抵达地面的关键，这需要在平时向消防员等救援人员学习打绳结。8字结是救援中最常用的绳结。

1.在绳索中部打个8字结；

2.顺着结目从反方向穿过绳索的末端；

3.用力紧结目。

2. 床单逃生法

在震后现场，如果事先没有准备，一时间找不到绳索又该怎么办呢？应该就地取材，利用床单制作绳索。在此过程中，首先需要将床单揉搓成绳索状，并利用绳结连接多条床单，以加大长度。平日毫不起眼的床单，只要使用得当，在关键时刻还是很给力的。

互救最关键是时间要快

许多地震救援现场的经验说明，救出来的时间越早，被救幸存者存活的可能性越大。根据几次地震救援记录，得到如右图所示的被救人的存活率随时间衰减的关系。

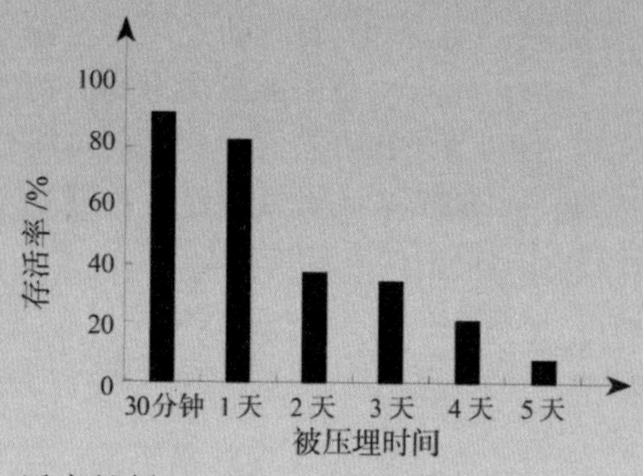

从图中可以看出，地震发生的第一天被救出的幸存者80%以上可能活下来；如果在震后半小时内获救，存活率可超过90%；第二、三天救出来，还有30%以上的存活可能性；第四天被救后的存活率已不到20%；第五天，只有百分之几的存活率。越往后，存活率越低。一周后，被救出来，经抢救，也有奇迹般活下来的，但是这是极个别现象。

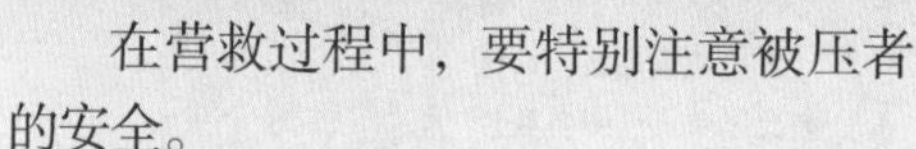

要特别注意被压者的安全

在营救过程中，要特别注意被压者的安全。

①使用工具(如铁棒、锄头、棍棒等)时，不要伤及被压者；

②不要破坏了被压者所处空间周围的支撑条件，引起新的垮塌，使被压者再次遇险；

③应尽快打通被压者所在的封闭空间，使新鲜空气流入，挖扒中如尘土太大，应喷水降尘，以免被压者窒息；

④使被压者先暴露头部，清除其口鼻内的异物，保持呼吸畅通。如有窒息，应立即进行人工呼吸。

⑤被压者不能立即爬出时，不要生拉硬扯，以防造成进一步受伤，对于骨折出血者，应首先止血，对于脊椎损伤者，搬动时应用门板或硬担架；

一定不能盲目施救

在进行营救行动之前，要有计划、有步骤，哪里该挖，哪里不该挖，哪里该用锄头，哪里该用棍棒，都要有所考虑。一定不能盲目施救！

过去发生过救援人员盲目行动，踩塌被埋压者头上的房盖，砸死被埋人员的情况，因此在营救过程中要有科学的分析和行动，才能收到好的营救效果。盲目行动，往往会给被压者造成新的伤害。

⑥对被埋压时间较长的人员，被救出后要用深色布料蒙上眼睛，避免强光刺激；

⑦若被压者埋压时间较长，一时又难以救出，可设法向其输送饮用水、食品和药品，以维持其生命；

⑧当发现一时无法救出的被压者时，应立即标记，并求助专业救援队伍。

安全地搬运伤员

在搬运之前，需要先检查伤员的伤情，确定腰椎、颈椎没有受伤时，才能使用徒手搬运法。震后的现场往往不同于平时的一般场所，救援人员在行走时一定要注意保护伤员的头部和伤处，以免造成二次伤害。

妥善地处理伤口

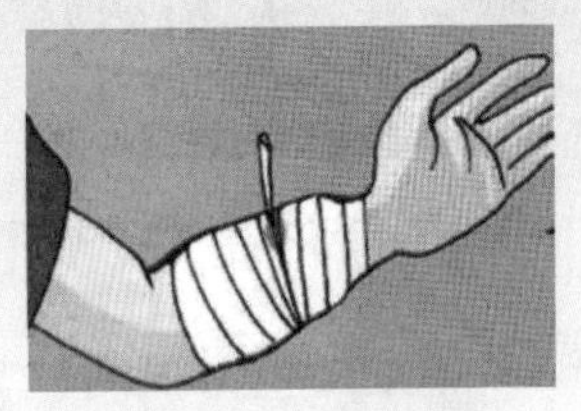

地震时，在瞬息万变的险境中受伤流血在所难免。利用常见的生活用品（如衣物）进行创口按压、包扎，可有效地帮助止血。常见的衣物都可以做应急止血之用。如果出血量过大，需要对创口做一定时间的按压。如果腹部被硬物刺破，出现腹部脏器外露现象，千万不要把脏器塞回腹腔，可以拿器皿先盖住创口，再进行包扎。

地震时，由于身体失去重心，造成剧烈撞击，导致骨折的概率非常大。震后废墟中，利用书本和木板将伤肢悬吊固定于胸前，可以减少静脉回流，减轻肿胀。但如果现场找不到书本和木板也不用担心，可以用一件上衣来帮助固定骨折部位。

骨折肢体的固定

上肢固定法

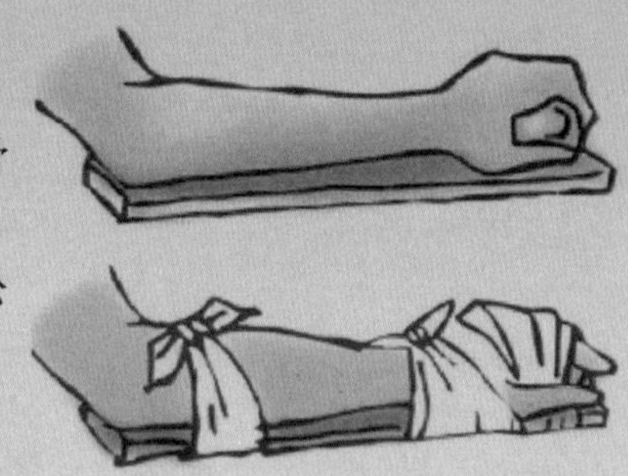

在固定时要注意避免二次伤害。需要对骨折的上肢采取悬吊的方法，以减少静脉回流，减轻肿胀。要注意观察肢体肿胀情况，适时松解，以免损伤血管、神经。

下肢固定法

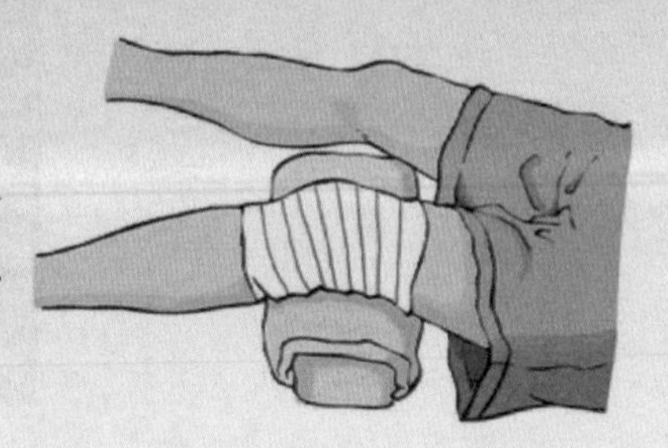

未固定之前，尽量不要自己移动，否则可能加重伤情。固定之后，可以将骨折的下肢抬高，有助于促进血液回流，减轻疼痛肿胀。

震后救援常用仪器和设备

热红外生命探测仪

热红外生命探测仪具有夜视功能，它的原理是通过感知温度的差异来判断不同的目标，因此在黑暗中也可照常工作。这种仪器有点像现在商场门口测体温的仪器，只是个头大多了，且有图像显示器。

声波振动生命探测仪

声波振动生命探测仪可以识别被困者发出的声音。这种仪器有3~6个耳朵，即“拾振器”，它能根据各个耳朵听到声音先后的微小差异来判断幸存者的具体位置。说话的声音对它来说最容易识别。如果幸存者已经不能说话，只要用手指轻轻敲击，发出微小的声响，也能够被它听到。

小气垫

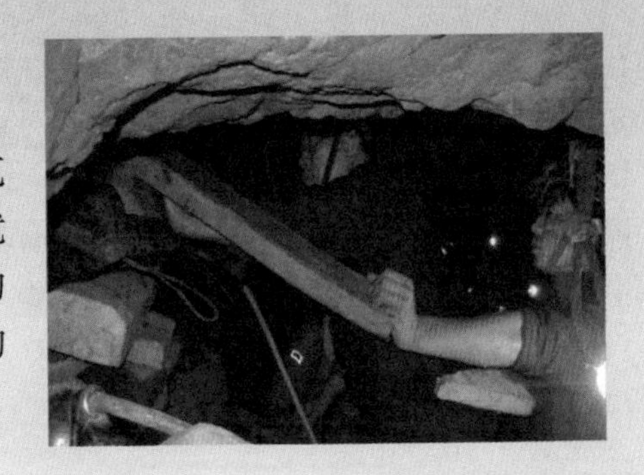

这种气垫比枕头大不了多少。没充气时瘪瘪的，只要有5厘米的缝隙就能把它塞进去。然后用气瓶把里面的气压加到8个大气压，“气鼓鼓”的垫子就能顶起楼板了。

液压钳

如果现场钢筋交错，就要看液压钳的本事了。这种钳子的体积并不大，但是由于应用了液压原理，一把小小的钳子就能把钢筋一根根剪断，为营救工作赢得宝贵的时间。

地震救援机器人

近年来的一次次强震，受到全世界关注。每次强震之后，救援工作最为关键，也最为艰巨。由于地震发生后废墟结构极不稳定，很容易对在废墟中救援的队员造成威胁。涉核、涉化设施的震后救援，更是充满危险。一些大面积的倒塌建筑，可以借助机械挖掘搜索；但一些缝隙、狭小空间等，救援队员进去有危险，大型设备又没有“用武之地”。这些因素决定了需要一些特定的设备去完成搜救任务。

在2013年4月四川芦山地震救援和灾后排查工作中，地震救援机器人就发挥了显著的作用，帮助救援队员圆满地完成了救援任务。

废墟搜救可变形机器人可进入废墟内部，利用自身携带的红外摄像机、声音传感器，将废墟内部的图像、语言信息实时传回后方控制台，供救援人员快速确定幸存者的位置及周围环境，同时还能提供救援通道信息。

在四川芦山地震救援行动中，废墟可变形搜救机器人和生命探测仪在震区实现了多种典型环境的搜索与排查，徒步10千米，完成了20多处废墟环境排查工作任务。

防灾减灾篇

- 防震演习的作用
- 应急避难场所及标志
- 家庭如何做好防震准备
- 家中应常备哪些应急物品
- 建筑工程抗震设防
- 避震减震方法措施
- 活断层探测
- 建房选址应考虑哪些因素

防震演习的作用

防震演习是一种大众化的、覆盖面大的、高效能的防震减灾对策知识宣传和模拟避险救灾的演练。通过防震演习，一方面能使广大人民群众了解并掌握防灾、避震、脱险及相互救治的知识和本领，了解并掌握有效减少次生灾害的常识和措施，提高全社会的防灾意识，增强对灾害的承受能力和抗御能力。另一方面能提高政府的组织指挥能力、各部门的协调配合能力和专业队伍的救灾能力。一旦地震发生，各岗位人员都能熟练地采取相应的紧急对策措施，实施自救互救和修复交通、通信、供水、供电等设施，最大限度地减轻地震次生灾害，确保社会稳定。

应急避难场所及标志

城市一栋栋高层建筑拔地而起，更多的居民居住在高层建筑里，一旦遭遇地震，如何快速应急避险和疏散，就是一个必须重视的问题。居民应当制订应急避险和家庭疏散预案，平时要熟悉周边环境、疏散路线和避难场所位置。

应急避难场所是指为应对突发事件，经规划、建设，具有应急避难生活服务设施，可供居民紧急疏散、临时生活的安全场所。

我们所熟知的应急避难场所一般在公园，绿地，广场，体育场，室内公共的场、馆、所和地下人防工事等地。

应急避难场所和公共设施的各类避难标志必须健全、规范、醒目，做到家喻户晓，这样才能保证灾害突发时人群能够及时避难，避免混乱。一些城市中常见的应急避难标志如图所示。

家庭如何做好防震准备

树立“宁可千日不震，不可一日不防”的震情观念，每个家庭要根据自家的实际情况制定防震避震计划，为震时自救和互救创造条件。家庭防震的重点，主要是保证震时和震后有条不紊地进行家庭防震救灾，可采取以下措施：

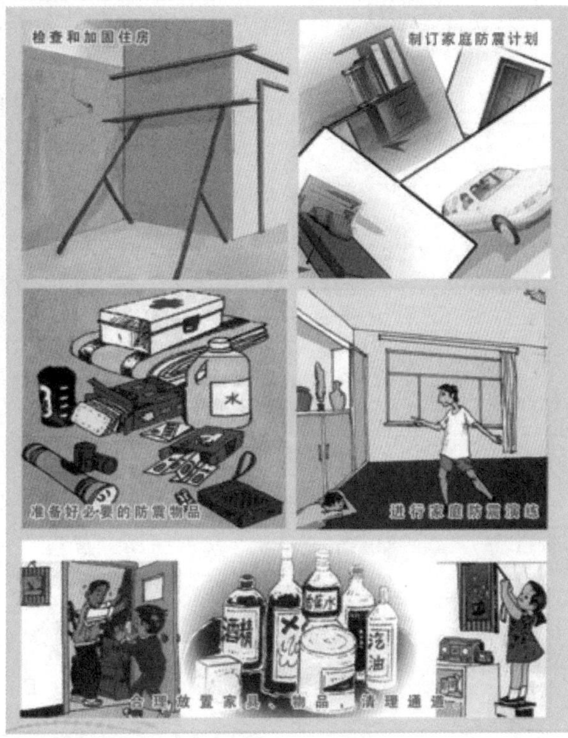

①学习地震知识，掌握科学的自防自救方法。

②约定地震后全家人汇集的地点。

③确定避震地点和疏散路线。

④加固室内家具。

⑤落实防火措施，防止炉子、煤气炉等震时翻倒；家中易燃物品要妥善保管；学习必要的防火、灭火知识。

⑥学会并掌握基本的医疗救护技能，如人工呼吸、止血、包扎、搬运伤员和护理方法等。

⑦适时进行家庭应急演习，以发现并弥补避震措施中的不足之处。

⑧准备必要的应急物品。

为应对紧急情况，家中应备有防震应急包，主要放置重要物品、证件和生活必需品。

家庭防震应急包参考配置

类别	要求和标准
水	不可缺少，非常重要！瓶装矿泉水或自己灌装的饮用水（及时更换）
食品	1~2 天食品，如干果、饼干、罐头、巧克力等（按保质期及时更换）
常用药物和急救用品	消毒纱布和绷带、胶布（带）、创可贴、消炎药、扑热息痛、黄连素等常用药；食盐、体温计、小块肥皂、剪刀、小刀、别针、卫生纸等物品。常用药品最好装在密封的容器内。液体药物应密封在容器内，外加塑料袋封好
手电筒和应急灯	最好是高能碱性电池（要及时更换）
收音机	袖珍收音机及备用电池，以听震情及救灾情况
塑料布、塑料袋	塑料布、塑料袋可防潮保温，小塑料袋可处理人体废弃物
优质手套	自救、互救时使用
哨子	吹哨子可以帮助救援人员发现你
工具	钳子、改锥等，在自救、互救时使用
其他必备用品	纸、笔、邮票；重要的通讯簿；重要证件的复印件；血型证明；适量现金

地震会破坏建筑物，而建筑物的破坏会造成大量人员伤亡和财产损失。据统计，地震中 95% 的人员伤亡均因建筑物破坏所致。因此，为使建筑物具有一定的抗震能力，就必须按抗震设防要求和抗震设计规范进行设计、施工，这是减轻地震灾害的重要措施。《中华人民共和国防震减灾法》规定：新建、改建、扩建各类建设工程，应当达到国家规定的抗震设防要求。

重大建设工程和可能发生严重次生灾害的建设工程，应当按照国务院有关规定进行地震安全性评价，并按照经审定的地震安全性评价报告所确定的抗震设防要求，进行抗震设防。

工程建设场地地震安全性评价是抗震设防工作的一项重要内容。

工程建设场地地震安全性评价是指对工程建设场地进行的地震烈度复核、地震危险性分析、设计地震动参数的确定、地震小区划、场址及周围地质稳定性评价及场地震害预测等工作。其目的是为工程抗震确定合理的设防要求，达到既安全、建设投资又合理的目的。

简单地说，抗震设防就是为达到抗震效果，在工程建设时按相关要求对建筑物进行抗震设计并采取抗震措施。

避震减震方法措施

我国房屋抗震设计的原则是：小震不坏、中震可修、大震不倒。

减隔震技术是一种抵抗地震破坏的新技术，包括隔震技术和减震技术。隔震顾名思义就是隔离地震，把大部分地震能量直接隔离掉，一小部分地震传到房屋中去。建筑施工时在房屋和大地之间安装柔软的装置，地震时，

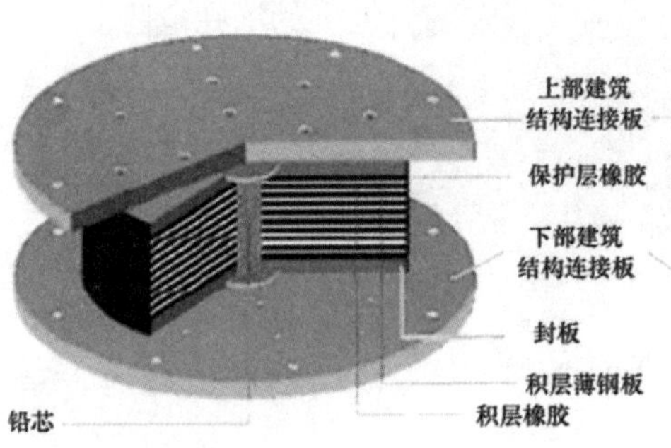

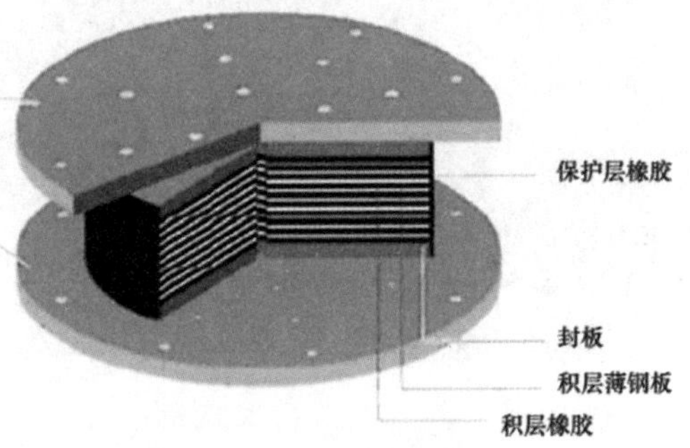

减震技术是在房屋上额外安装一些装置（阻尼器）用来吸收地震能量。地震发生时，这些装置先吸收了一部分能量，这样房屋本身吸收的地震能量减少了，房屋的震动也就减小了，实现了对房屋的保护。在多次大地震中，采用减隔震技术的房屋都没有发生损坏。20 世纪 70 年代后，人们开始逐步地把这些技术运用到桥梁等结构工程中，其发展十分迅速。

剧烈的地面晃动经过柔软隔震装置后，房屋晃动就减缓了，就好像汽车轮胎可以减轻汽车行驶中的剧烈颠簸一样。这样地震来了，房屋就不会倒塌或损坏了。实验结果显示，采用这一技术可减小地震反应，是目前较为适用的工程抗震技术之一。

我国地震高发区，一些重要建筑采用了减隔震技术。2008 年开始建造的云南昆明新机场航站楼，以及 2019 年启用的北京大兴国际机场航站楼，都采用了减隔震技术。

活断层探测

活断层对城市建设的影响

活断层是第四纪以来，尤其是距今 10 万年来有过活动，今后仍可能活动的断层。凡有活断层的地区，就存在着发生破坏性地震的潜在危险。

一方面，地震波传播到地面引起的地面运动，建筑物抵御不了这种巨大运动而遭受破坏；另一方面，断层活动引起地表错断，直接对地面建筑物造成严重破坏。

开展城市活断层探测与地震危害性评估工作，确定活断层的准确位置，评估预测活断层未来发生破坏性地震的可能性和危害性，对城市新建重要工程、生命线工程、易产生次生灾害工程的选址，科学合理地制定城市规划和确定工程抗震设防要求，减轻城市地震灾害具有重要意义。

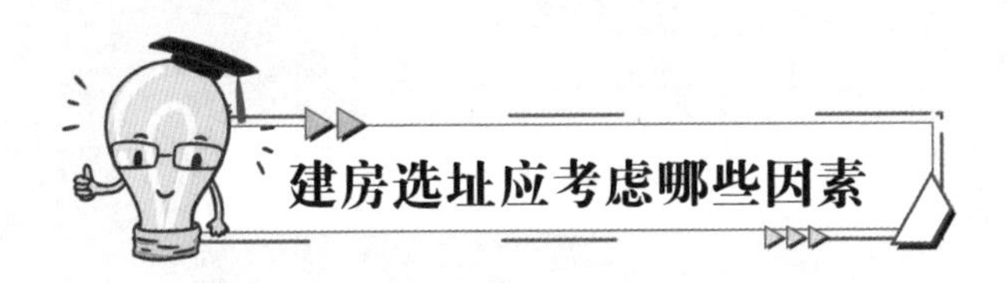

建房选址应考虑哪些因素

新疆乌恰县县城曾经位于古河床上，由于地层松软，这个县城多次遭受地震破坏，直到1985年被一次7.4级地震夷为平地。吸取历史教训后，新疆乌恰县城迁移到了地基比较稳定的地带。新县城在1990年6.4级地震和2008年10月5日6.8级地震中经受住了考验，安然无恙。这个事例说明科学的建筑选址对于减轻地震灾害是至关重要的。

为了提高抗震性能，选择建设场地，必须考虑房屋所在地段地下较深土层的组成情况、地基土壤的软硬、地形和地下水的深浅等。以下场地不利于建筑物抗震，是不适合建房的：

①活动断层及其附近地区；

②饱含水的松砂层、软弱的淤泥层、松软的人工填土层；

③古河道、旧池塘和河滩地；

④容易产生开裂、沉陷、滑移的陡坡、河坎；

⑤细长突出的山嘴、高耸的山包或三面临水田的台地等。

地震探索篇

地震研究的发展

中国最早被记载的地震发生于公元前 1831 年，更早的地震文字记载出现在中东地区。在那里，我们可以把地震记载追溯到公元前 4000 年。地震给人们的印象就是一场灾难。大的地震导致历史上一些非常重大的破坏，没有其他自然现象能在那样大的面积、那样短的时间里，造成如此大的破坏。

中国真正对地震的科学认识始于公元 132 年张衡地动仪的出现。张衡地动仪是基于一种对于地震本质性的科学理解，即地震是一种远方传过来的地面震动。张衡地动仪的出现以及它所基于的这样一种科学思想实际上代表了地震科学的开始。而现代地震学则开始于 19 世纪末精密地震仪的出现。

今天我们关于地球内部的知识很大程度上要归功于监测到的地震波。地震波是指从震源产生向四外辐射的弹性波，地震波在其传播过程中遇到介质性质不同的岩层界面时，一部分能量被反射，一部分能量透过界面而继续传播。

对于地震，没有认识到的东西仍然很多，如地震的形成机制及其发生发展过程等，尤其是地震预报，依然是一个世界性的科学难题。尽管如此，我们在研究地震方面却取得了长足的进步，这可能会让很多人感到奇怪，因为在一般人的眼里，地震无疑是危害人们生命和财产安全的罪魁祸首，但在地震学家和物探人员的眼中，地震则是照亮地球内部的一盏明灯，以及勘探地下资源的一把利器。

现代地震仪的工作原理

地震仪是如何工作的呢？最粗略的验证地震的方法，是将不同高度的小圆柱体放在一个水平的平面上，当地震发生时，这些圆柱体会倒下。不同程度的地震会导致不同稳定性的圆柱体倒下。也就是说，当地震不强烈时，只有那些最不稳定的圆柱体倒下；而地震很强时，所有的圆柱体都会倒下。这只是简单的一个测试地震的方法，无法精确地记录地震的波动状况。

当我们写字的时候，笔在纸上移动，从而留下了痕迹；相反，如果我们保持笔不动而纸移动，也可以在纸上留下痕迹。这种原理可以用来记录地震的波动情况。

可能有些人会担心，当地震发生时，纸和笔都在动，怎么能精确地记录地震的运动情况呢？

我们可以做一个小试验。取一段1米左右的长线，在线的一头系上一个重物，用手拿住线的另一头，将重物悬在空中，保持重物的底端刚好轻轻地接触地面。然后，轻轻地前后左右摆动拿着线的手。你会发现，重物的底端几乎不会移动。这其中的原理就是惯性。线一端已经随手的移动而移动，但是重物的一端由于惯性的作用，仍然保持在原处。也许移动的手会对重物的位置产生影响，但这种影响已经通过长长的线大大地削弱了。同样的道理，如果我们将纸放在下面，用一支可以书写的笔代替重物，我们就可以记录地震的波动情况了。

事实上，为了记录得更精确，平铺的纸可以用一个随着轮子转动的纸圈代替。这样，当没有地震发生的时候，笔会在纸上留下一条直线；当地面发生与此垂直的波动时，就会在纸上留下波浪状的记录。不过，问题是，这样做无法记录与直线同方向的波动。但是，多个不同方向的装置，就完全可以弥补这个不足。

地震时，地面同时在三个方向上运动：上下、东西和南北。地面运动可以是位移、速度或加速度。为了研究完整的地面运动，一定要将这三个分量都记录下来。

小震活动也值得重视

地震大小通常用震级来衡量，地震愈大，震级数字也愈大。

通常人们把 5 级以下 3 级以上的地震称为小震。虽然小震一般不会造成房屋倒塌和人员伤亡，但是，我们绝不能因此而忽视小震活动，因为它很可能是破坏性大震的前兆。

1975 年 2 月 4 日 19 点 36 分，辽宁省海城发生 7.3 级强烈地震。大震前出现了系列小震频发现象：从 1975 年 2 月 3 日 18 时 38 分到 2 月 4 日 17 时 39 分，海城共发生地震 33 次，其中 2 级到 2.9 级地震 9 次、3 级到 3.9 级地震 8 次、4 级到 4.9 级地震 2 次。因此，震前政府动员和组织民众撤离室内，极大地减少了人员伤亡。

在日常生活中，如果观察到了前震活动，应该提高警惕，加强监测，并分析发生大震的可能性，做好相应的应对准备。

中国地震预报的水平和现状

地震预报研究，在国际上和我国大约都是从 20 世纪五六十年代才开始的。我国自 1966 年邢台地震以来，广泛开展了地震预报的研究。经过 50 多年的努力，取得了一定的进展。

很多学者认为，我国曾经不同程度地预报过一些破坏性地震。例如，1975 年，我国比较成功预报了 2 月 4 日发生于辽宁海城的 7.3 级强烈地震，并在震前果断地采取了预防措施，使这次地震的伤亡和损失大大减小。

但是，地震预报是世界公认的科学难题，在国内外都处于探索阶段。目前，有关方法所观测到的各种可能与地震有关的现象，都呈现出极大的复杂性；科研人员所做出的预报，特别是短临预报，主要是经验性的。

我国地震预报的水平和现状可以概括为：

①对地震前兆现象有所了解，但远远没有达到规律性的认识；

②在一定条件下能够对某些类型的地震，做出一定程度的预报；

③对中长期预报有一定的认识，但短临预报成功率还很低。

中国地震自动速报系统实现了我国数字地震台网地震信息实时处理的网络化、自动化、规范化和集成化，可适用于不同规模的固定地震台网和流动地震台网，是中国地震局规定部署的地震台网数据处理平台。在国内，该系统已在31个省级区域地震台网，1个国家地震速报（备份）中心，142个国家级地震台站，多个县市级地震台网中使用，并在包括长江三峡工程诱发地震监测系统在内的一批重大工程项目中应用。在国外，该系统已被推广到印度尼西亚国家海啸预警中心，以及巴基斯坦、阿尔及利亚等国的国家级地震台网中心使用。该系统在地震数据实时交换、地震自动速报、全国台网在线协同编口等方面填补了国内空白，实现了我国数字地震台网的网络化观测，有效提升了我国应对地震突发事件的应急响应能力。

中国地震速报信息可在中国地震台网中心网站（www.cenc.ac.cn）查寻。

地震产生的剧烈震动会导致工程结构破坏甚至倒塌，从而造成巨大的人员伤亡与直接经济损失；同时，地震还可能诱发火灾、爆炸、列车出轨、核泄漏等严重的次生灾害。

为了达到减轻地震灾害的目的，除了加强工程结构抗震设计外，人们最先想到的就是地震预报。如果能预先知道地震的发生时间与地点，而先将人员撤离地震区、关闭次生灾害源，无疑会将地震灾害降到最低。但是，地震预报这个世界性的科学难题在短期内很难取得突性进展，因此，许多国家和地区投资发展地震预警系统和地震应急控制系统。

地震预警的构想，最早由美国科学家库珀博士于1868年提出。他设想在距旧金山100千米外地震活动性很强的霍利斯特地区，布设地震观测台站。一旦地震发生，就可以利用电磁波与地震波传播的时间差，在震后很短时间内及时敲响市议政厅的警钟，使人们能够采取一些紧急逃生避险措施，以减少地震造成的人员伤亡。由于当时技术水平的局限，这一构想并未实现。

现在，随着计算机技术、数据传输处理技术、地震监测仪器以及观测方法的不断发展和成熟，这一设想正逐渐变为现实。

最常用的技术是利用地震波传播速度比电磁波慢的规律，在地震发生后，发出地震报警，通知远处的人们采取避险措施，称为“异地预警”。

地震预警信息可为政府应急决策提供依据。社会公众可以根据地震预警信息及时采取措施避震逃生，从而大幅度减少人员伤亡。地震预警还可为重大工程提供安全保障服务。城市供气和供电系统、核电站、水库大坝、大型变电站及输油输气管线、高速铁路等重大工程，可以根据预警信息启动相应的制动、关闭等处置系统，减轻直接地震灾害及次生灾害损失。

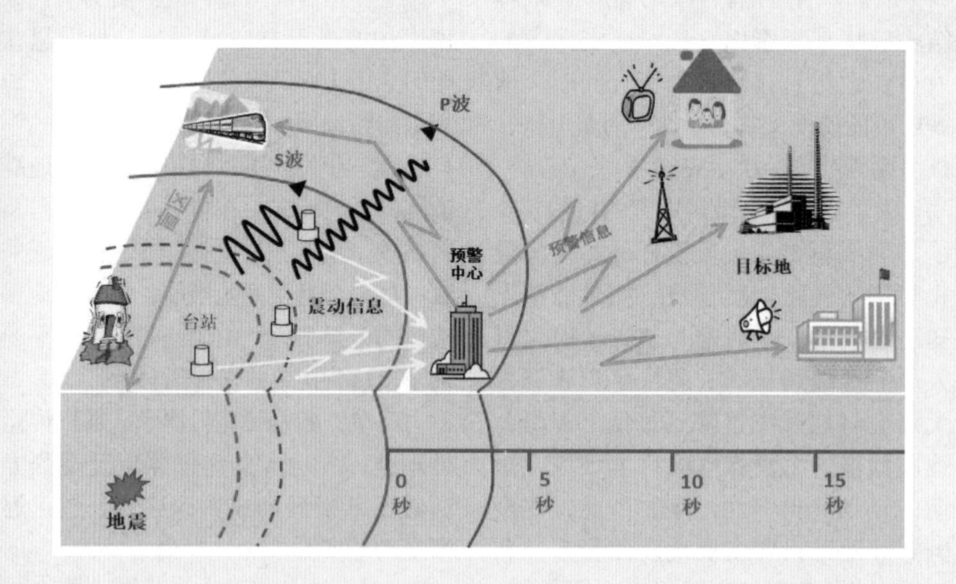

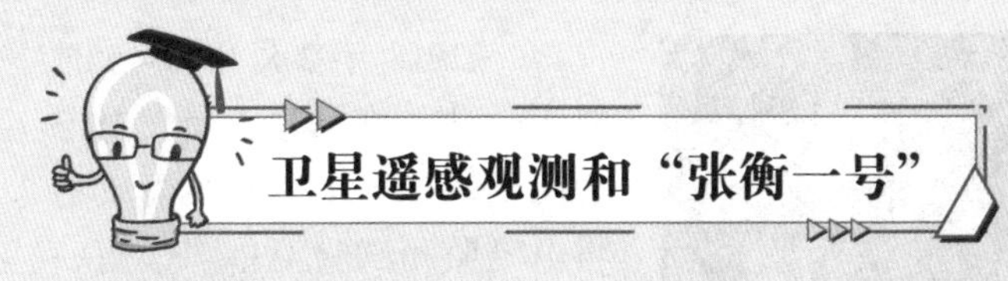

卫星遥感观测和“张衡一号”

我们知道，世界上绝大多数物体都具有吸收、反射、散射、辐射和透射光线的本领，只是各种物体对各种颜色的光吸收和反射的本领不一样，甚至同一种物体在不同的状态下所吸收、反射或辐射的光线也不同。这种特性叫做物体的光谱特征，遥感技术的基本原理就是基于物体的这个光谱特征。

因为各种物体的光谱特征互不相同，所以我们只要事先用仪器收集、记录下各种物体在不同情况下的各种光谱，先进行处理、分析，并存储起来，然后在遇到不明物体时，用遥感仪器探测这个物体辐射或反射的电磁波，进行分析和比较，就能得到关于这个物体的各种宝贵信息。

2011年3月11日14时46分，日本东北部海域发生9.0级地震并引发海啸，造成重大人员伤亡和财产损失。通过卫星遥感图像可以清晰地看到地震以及海啸给灾区所带来的巨大破坏。

2008年5月12日14时28分，四川省汶川县境内发生8.0级地震。在抗震救灾中，遥感手段起到了十分关键的作用。

北川县三维立体航空遥感图像

2018年2月2日15时51分，中国在酒泉卫星发射中心用长征二号丁运载火箭成功将电磁监测试验卫星“张衡一号”发射升空，进入预定轨道。

“张衡一号”电磁监测试验卫星是中国地震立体观测体系天基观测平台的首颗卫星，它能够发挥空间对地观测的大动态、宽视角、全天候优势，通过获取全球电磁场、电离层等离子体、高能粒子观测数据，对中国及其周边区域开展电离层动态实时监测和地震前兆跟踪，弥补地面观测的不足。